水利水电工程施工技术与管理探索

白秋丽 庞海娇 高 鹰 ◎ 著

吉林科学技术出版社

图书在版编目（CIP）数据

水利水电工程施工技术与管理探索 / 白秋丽 , 庞海

娇 , 高鹰著 . -- 长春 : 吉林科学技术出版社 , 2024.8

ISBN 978-7-5744-1723-6

Ⅰ . TV512

中国国家版本馆 CIP 数据核字第 2024TN7357 号

水利水电工程施工技术与管理探索

著	白秋丽　庞海娇　高　鹰	
出 版 人	宛　霞	
责任编辑	孔彩虹	
封面设计	金熙腾达	
制　　版	金熙腾达	
幅面尺寸	170mm×240mm	
开　　本	16	
字　　数	211 千字	
印　　张	13.5	
印　　数	1~1500 册	
版　　次	2024年8月第1版	
印　　次	2024年12月第1次印刷	

出　　版　吉林科学技术出版社
发　　行　吉林科学技术出版社
地　　址　长春市福祉大路5788 号出版大厦A 座
邮　　编　130118
发行部电话/传真　0431-81629529 81629530 81629531
　　　　　　　　　　81629532 81629533 81629534
储运部电话　0431-86059116
编辑部电话　0431-81629510
印　　刷　三河市嵩川印刷有限公司

书　　号　ISBN 978-7-5744-1723-6
定　　价　81.00元

前　言

　　水利水电工程作为国家基础设施建设的核心组成部分，不仅对保障水资源的合理利用和水力发电的稳定供应具有重要意义，同时也在促进区域经济发展和改善民生方面发挥着关键作用。社会经济的快速发展和人口的持续增长，对水资源的合理开发与利用提出了更高的要求。水利水电工程施工技术与管理作为一项集工程技术、管理策略、创新实践于一体的综合性研究，对于确保工程质量和安全、提高施工效率、降低成本及推动行业技术进步具有至关重要的意义。

　　本书深入剖析了水利水电工程的施工技术与管理的各方面。从工程的概述开始，系统地介绍了建设程序、不同类型工程的特点及施工设计的关键要素。随后，详细阐述了导截流工程施工的各个环节，为确保工程顺利进行提供了坚实的技术支撑。书中还深入探讨了爆破与钢筋工程施工的基本原理、器材选择、起爆方法以及施工技术，为工程实施提供了精确的控制手段。在土石坝与混凝土坝施工部分，书中不仅介绍了土石坝的施工技术，还涵盖了砂石骨料与混凝土生产系统、混凝土的运输浇筑及分缝分块和碾压混凝土施工等关键环节。此外，对地下建筑、渠道建筑及泵站施工的技术和方法也进行了全面讨论。最后，书中强调了施工管理的重要性，包括施工准备工作、进度与成本控制、质量与安全控制等方面，旨在为工程的高效、安全和可持续发展提供全面的管理策略。通过这些内容，本书旨在为水利水电工程领域的专业人士提供一本全面、深入且实用的参考书。

　　由于水利水电工程施工研究内容广泛，具有较强的综合性和应用性，加之编者水平有限，时间仓促，书中缺点错误和不妥之处在所难免。敬请读者批评指正，以便今后进一步修改，使之日臻完善。

目　录

第一章　水利水电工程概述

第一节　水利水电工程建设程序

一、基本建设概述

（一）基本建设的概念

基本建设是国家为了扩大再生产而进行的增加固定资产的建设工作。基本建设是发展社会生产、增强国民经济实力的物质基础，是改善和提高人民群众物质生活水平和文化水平的重要手段，是实现社会扩大再生产的必要条件。

基本建设在宏观层面是指国民经济各部门利用国家预算拨款、自筹资金、国内外基本建设贷款及其他专项基金而进行的，以扩大生产能力或增加工程效益为主要目的的新建、扩建、改建、技术改造、更新和恢复工程及其有关工作。例如建造工厂、矿山、铁路、港口、发电站、水库、学校、医院、商店、住宅，购置机器设备、车辆、船舶等活动，以及与之紧密相连的征用土地、房屋拆迁、移民安置、勘测设计、人员培训等工作。基本建设就是指固定资产的建设，即建筑、安装和购置固定资产的活动及与之相关的工作。基本建设是通过对建筑产品的施工、拆迁或整修等活动形成固定资产的经济过程，是以建筑产品为过程的产出物。

基本建设不仅需要消耗大量的劳动力、建筑材料、施工机械设备及资金，还需要多个具有独立责任的单位共同参与，需要对时间和资源进行合理有效的安排，是一项复杂的系统工程。在基本建设活动中，以建筑安装工程为主体的工程建设是实现基本建设的关键。

（二）基本建设的主要内容

基本建设包括以下三方面的工作。

1.建筑安装工程

建筑安装工程是基本建设的重要组成部分，是通过勘测、设计、施工等生产活动创造建筑产品的过程。这部分工作包括建筑工程和设备安装工程两个部分。建筑工程包括各种建筑物和房屋的修建、金属结构的安装、安装设备的基础建造等工作。设备安装工程包括生产、动力、起重、运输、输配电等需要安装的各种机电设备的装配、安装、试车等工作。

2.设备及工器具的购置

设备及工器具的购置是建设单位为建设项目需要向制造业采购或自制达到标准（使用年限一年以上和单件价值在规定限额以上）的机电设备、工具、器具等的购置工作。

3.其他基本建设工作

其他基本建设工作指不属于上述两项的基本建设工作，如勘测、设计、科学试验、淹没及迁移赔偿、水库清理、施工队伍转移、生产准备等工作。

（三）基本建设项目的分类

基本建设工程项目一般是指具有一个计划任务书和一个总体设计进行施工，由一个或几个单项工程组成，经济上实行统一核算，行政上有独立组织形式的工程建设实体。在工业建设中，一般是以一个企业或联合企业为建设项目，如独立的工厂、矿山、水库、水电站、港口、引水工程、医院、学校等。企事业单位按照规定，用基本建设投资单纯购置设备、工具、器具，如车、船、飞机、勘探设备、施工机械等，虽然属于基本建设范围，但不作为基本建设项目。凡属于一个总体设计中的主体工程和相应的附属配套工程、综合利用工程、环境保护工程、供水供电工程及水库的干渠配套工程等，都只作为一个建设项目。基本建设项目可以按不同标准进行分类，常见的有以下五种分类方法。

1.按性质划分

基本建设项目按其建设性质不同，可划分成基本建设项目和更新改造项目两大类。一个建设项目只有一种性质，在项目按总体设计全部建成之前，其建设性质是始终不变的。

（1）基本建设项目

基本建设项目是投资建设用于进行以扩大生产能力或增加工程效益为主要目的的新建、扩建工程及有关工作。具体包括以下四方面。

新建项目。新建项目指以技术、经济和社会发展为目的，从无到有的建设项目，亦即原来没有、现在新开始建设的项目。有的建设项目并非从无到有，但其原有基础薄弱，经过扩大建设规模，新增加的固定资产价值超过原有固定资产价值的3倍，也可称为新建项目。

扩建项目。扩建项目指企业为扩大生产能力或新增效益而增建的生产车间或工程项目，以及事业和行政单位增建业务用房等。

恢复项目。恢复项目指原有企业、事业和行政单位，因自然灾害或战争，使原有固定资产全部或部分报废，需要进行投资重建来恢复生产能力和业务工作条件、生活福利设施等的建设项目。

迁建项目。迁建项目指企事业单位由于改变生产布局或环境保护、安全生产及其他特别需要，迁往外地的建设项目。

（2）更新改造项目

更新改造项目是指建设资金用于对企事业单位原有设施进行技术改造或固定资产更新，以及相应配套的辅助性生产、生活福利等工程和有关工作。更新改造项目包括挖潜工程、节能工程、安全工程、环境工程。更新改造项目应根据专款专用、少搞土建、不搞外延等原则进行。更新改造项目以提高原有企业劳动生产效率、改进产品质量或改变产品方向为目的，而对原有设备或工程进行改造。为了提高综合生产能力，增加的一些附属或辅助车间和非生产性工程，也属于改建项目。

2.按用途划分

基本建设项目还可按用途划分为生产性建设项目和非生产性建设项目。

（1）生产性建设项目

生产性建设项目指直接用于物质生产或满足物质生产需要的建设项目，如工业、建筑业、农业、水利、气象、运输、邮电、商业、物资供应、地质资源勘探等建设项目，主要包括以下四方面：工业建设，包括工业、国防和能源建设；农业建设，包括农、林、牧、水利建设；基础设施，包括交通、邮电、通信建设、地质普查、勘探建设、建筑业建设等；商业建设，包括商业、饮食营销、仓储、综合技术服务事业的建设等。

（2）非生产性建设项目

非生产性建设项目指只用于满足人民物质和文化生活需要的建设项目，如在住宅、文教、卫生、科研、公用事业、机关和社会团体等方面的建设项目。

非生产性建设项目包括用于满足人民物质和文化、福利需要的建设和非物质生产部门的建设，主要包括以下几方面：各级国家党政机关、社会团体、企业管理机关的办公用房，住宅、公寓、别墅等居住建筑，科学、教育、文化艺术、广播电视、卫生、体育、社会福利事业、公用事业、咨询服务、金融、保险等领域所需的公共建筑，以及不属于上述各类的其他非生产性建设等。

3.按规模或投资大小划分

基本建设项目按建设规模或投资大小分为大型项目、中型项目和小型项目。国家对工业建设项目和非工业建设项目均规定有划分大、中、小型的标准，各部委对所属专业建设项目也有相应的划分标准。例如水利水电建设项目就有对水库、水电站、堤防等划分为大、中、小型的标准。划分项目等级的原则是：

①按批准的可行性研究报告（或初步设计）所确定的总设计能力或投资总额的大小，依据国家颁布的《基本建设项目大中小型划分标准》进行分类。

②凡生产单一产品的项目，一般按产品的设计生产能力划分；生产多种产品的项目，一般按照其主要产品的设计生产能力划分；产品分类较多，不易分清主次，难以按产品的设计能力划分时，可按投资额划分。

③对国民经济和社会发展具有特殊意义的某些项目，虽然设计能力或全部投资不够大、中型项目标准，经国家批准已列入大、中型计划或国家重点建设工程的项目，也按大、中型项目管理。

④更新改造项目一般只按投资额分为限额以上和限额以下项目，不再按生产能力或其他标准划分。

4.按隶属关系划分

基本建设项目按隶属关系可分为国务院各部门直属项目、地方投资国家补助项目、地方项目和企事业单位自筹建设项目。国务院印发的《水利产业政策》把水利工程建设项目划分为中央项目和地方项目两大类。

5.按建设阶段划分

基本建设项目按建设阶段可分为预备项目、筹建项目、施工项目、建成投产项目、收尾项目和竣工项目等。

预备项目（或探讨项目）是指按照中长期投资计划拟建而又未立项的建设项目，只作为初步可行性研究或提出设想方案供参考，不进行建设的实际准备工作。

筹建项目（或前期工作项目）是指经批准立项，正在进行前期准备工作而尚未开始施工的项目。

施工项目是指本年度计划内进行建筑或安装施工活动的项目，包括新开工项目和续建项目。

建成投产项目是指年内按设计文件规定建成主体工程和相应配套辅助设施，形成生产能力或发挥工程效益，经验收合格并正式投入生产或交付使用的建设项目，包括全部投产项目、部分投产项目和建成投产单项工程。

收尾项目是指以前年度已经全部建成投产，但尚有少量不影响正常生产使用的辅助工程或非生产性工程，在本年度继续施工的项目。

竣工项目是指已经全部建成，工程施工结束并通过验收的项目。

国家根据不同时期国民经济发展的目标、结构调整任务和其他一些需要，对以上各类建设项目制定不同的调控和管理政策、法规、办法。因此，系统地了解上述建设项目各种分类对建设项目的管理具有重要意义。

二、基本建设程序

工程建设一般要经过规划、设计、施工等阶段及试运转和验收等过程，才能正式投入生产。工程建成投产以后，还需要进行观测、维修和改进。整个工程建设过程是由一系列紧密联系的过程组成的，这些过程既有顺序联系，又有平行搭接关系，在每个过程及过程与过程之间又由一系列紧密相连的工作环节构成一个有机整体，由此构成了反映基本建设内在规律的基本建设程序，简称基建程序。

基建程序中的工作环节多具有环环相扣、紧密相连的性质。其中任意一个中间环节的开展，至少要以一个先行环节为条件，即只有当它的先行环节已经结束或已进展到相当程度时，才有可能转入这个环节。基建程序中的各个环节，往往涉及好几个工作单位，需要各个单位的协调和配合；否则，稍有脱节，就会带来牵动全局的影响。基建程序是在工程建设实践中逐步形成的，它与基本建设管理体制密切相关。

水利工程建设程序一般分为项目建设书、可行性研究报告、初步设计、施工准备（包括招标设计）、建设实施、生产准备、竣工验收、后评价等阶段。水利基本建设项目的实施，必须首先通过基本建设程序立项。水利基本建设项目的立项报告要根据党和国家的方针政策，已批准的江河流域综合治理规划、专业规划和水利发展中长期规划，由水利行政主管部门提出，通过基本建设程序申请立项。

（一）水利工程建设项目的分类

水利基本建设项目按其功能和作用分为公益性、准公益性和经营性项目。公益性项目是指具有防洪、排涝、抗旱和水资源管理等社会公益性管理和服务功能，自身无法得到相应经济回报的水利项目，如堤防工程、河道整治工程、蓄滞洪区安全建设工程、除涝、水土保持、生态建设、水资源保护、贫困地区人畜饮水、防汛通信、水文设施等。准公益性项目是指既有社会效益又有经济效益的水利项目，其中大部分是社会效益，如综合利用的水利枢纽（水库）工程、大型灌区节水改造工程等。经营性项目是指以经济效益为主的水利项目，如城市供水、水力发电、水库养殖、水上旅游及水利综合经营等。

水利基本建设项目按其对社会和国民经济发展的影响分为中央水利基本建设项目（简称中央项目）和地方水利基本建设项目（简称地方项目）。中央项目是指对国民经济全局、社会稳定和生态环境有重大影响的防洪、水资源配置、水土保持、生态建设、水资源保护等项目，或中央认为负有直接建设责任的项目。地方项目是指局部受益的防洪除涝、城市防洪、灌溉排水、河道整治、供水、水土保持、水资源保护、中小型水电站建设等项目。

（二）各阶段的工作要求

根据《水利工程建设项目管理规定（试行）》，其要求如下。

1.项目建议书阶段

项目建议书应根据国民经济和社会发展规划、流域综合规划、区域综合规划、专业规划，按照国家产业政策和国家有关投资建设方针进行编制，是对拟进行建设项目的初步说明。

项目建议书应按照《水利水电工程项目建议书编制暂行规定》编制。

项目建议书的编制一般委托有相应资质的工程咨询或设计单位承担。

2.可行性研究报告阶段

根据批准的项目建议书，可行性研究报告应对项目进行方案比较，对技术上是否可行和经济上是否合理进行充分的科学分析和论证。经过批准的可行性研究报告是项目决策和进行初步设计的依据。

可行性研究报告应按照《水利水电工程可行性研究报告编制规程》编制。

可行性研究报告的编制一般委托有相应资质的工程咨询或设计单位承担。可行性研究报告经批准后，不得随意修改或变更；在主要内容上有重要变动时，应经过原批准机关复审同意。

3.初步设计阶段

初步设计是根据批准的可行性研究报告和必要而准确的勘察设计资料，对设计对象进行通盘研究，进一步阐明拟建工程在技术上的可行性和经济上的合理性，确定项目的各项基本技术参数，编制项目的总概算。其中，概算静态总投资原则上不得突破已批准的可行性研究报告估算的静态总投资。由于工程项目基本条件发生变化，引起工程规模、工程标准、设计方案、工程量的改变，其概算静态总投资超过可行性研究报告相应估算的静态总投资在15%以下时，要对工程变化内容和增加投资提出专题分析报告；15%以上（含15%）时，必须重新编制可行性研究报告并按原程序报批。

初步设计报告应按照《水利水电工程初步设计报告编制规程》编制。初步设计报告经批准后，主要内容不得随意修改或变更，并作为项目建设实施的技术文件基础。在工程项目建设标准和概算投资范围内，依据批准的初步设计原则，一般非重大设计变更、生产性子项目之间的调整由主管部门批准。在主要内容上有重要变动或修改（包括工程项目设计变更、子项目调整、建设标准调整、概算调整）等，应按程序上报原批准机关复审同意。

初步设计任务应选择有项目相应资质的设计单位承担。

4.施工准备阶段（包括招标设计）

施工准备阶段是指建设项目的主体工程开工前必须完成的各项准备工作。其中，招标设计是指为施工及设备材料招标而进行的设计工作。

5.建设实施阶段

建设实施阶段是指主体工程的建设实施，项目法人按照批准的建设文件，组织工程建设，保证项目建设目标的实现。

6.生产准备（运行准备）阶段

生产准备（运行准备）指在工程建设项目投入运行前所进行的准备工作，完成生产准备（运行准备）是工程由建设转入生产（运行）的必要条件。项目法人应按照建管结合和项目法人责任制的要求，适时做好有关生产准备（运行准备）工作。

生产准备（运行准备）应根据不同类型的工程要求确定，主要包括以下五方面的工作内容。①生产（运行）组织准备。建立生产（运行）经营的管理机构及相应管理制度。②招收和培训人员。按照生产（运行）的要求，配套生产（运行）管理人员，并通过多种形式的培训，提高人员的素质，使之能满足生产（运行）要求。生产（运行）管理人员要尽早介入工程的施工建设，参加设备的安装调试工作，熟悉有关情况，掌握生产（运行）技术，为顺利衔接基本建设和生产（运行）阶段做好准备。③生产（运行）技术准备。其主要包括技术资料的汇总、生产（运行）技术方案的制订、岗位操作规程制定和新技术准备。④生产（运行）物资准备。其主要是落实生产（运行）所需的材料、工器具、备品备件和其他协作配合条件的准备。⑤正常的生活福利设施准备。

7.竣工验收

竣工验收是工程完成建设目标的标志，是全面考核建设成果、检验设计和工程质量的重要步骤。竣工验收合格的工程建设项目即可以从基本建设转入生产（运行）。竣工验收按照《水利水电建设工程验收规程》进行。

8.评价

工程建设项目竣工验收后，一般经过 1～2 年生产（运行）后，要进行一次系统的项目后评价，主要内容包括：影响评价——对项目投入生产（运行）后对各方面的影响进行评价；经济效益评价——对项目投资、国民经济效益、财务效益、技术进步和规模效益、可行性研究深度等进行评价；过程评价——对项目的立项、勘察设计、施工、建设管理、生产（运行）等全过程进行评价。

项目后评价一般按三个层次组织实施，即项目法人的自我评价、项目行业的评价和计划部门（或主要投资方）的评价。

项目后评价工作必须遵循客观公正、科学的原则，做到分析合理、评价公正。

第二节　水利水电工程类型

一、蓄水工程

（一）蓄水枢纽

1.蓄水枢纽的作用

在天然情况下，河流来水在各年间及一年内都有较大的变化，它与人们用水在时间和水量分配上往往存在着矛盾，解决这种矛盾的主要措施是兴建水库。水库在来水多时把水蓄起来，然后根据各部门用水要求适时适量地供水；在汛期还可以起到削减洪峰、减除灾害的作用。这种把来水按用水要求在时间和数量上重新分配的过程，叫作水库的调节。

水库不仅可以使水量在时间上重新分配，满足灌溉、防洪的要求，还可以利用大量的蓄水和抬高的水位来满足发电、航运及水产等其他用水部门的需要。因此，兴建水库是综合利用水资源的有效措施。

要形成具有一定库容的水库，就需要在河流的适当地点修建拦河坝来阻拦水流，抬高上游的水位。同时，相应地还要修建一些其他建筑物，它们各自具有不同的作用，在运行中又彼此相互配合，形成一个以坝为主体的若干水工建筑物组成的综合体，称为蓄水枢纽或水库枢纽。蓄水枢纽利用上述水库的径流调节作用，达到防洪、发电、灌溉、航运和供水、渔业及旅游等综合利用的目的。

2.蓄水枢纽的组成建筑物

为满足综合利用的要求，蓄水枢纽一般由以下四种类型的水工建筑物组成。

挡水建筑物。它用以拦截水流，抬高水位，形成水库，如各种类型的拦河坝等。

泄水建筑物。它用以宣泄水库不能容纳的多余洪水以保证工程的安全，如各种溢洪道、溢流坝、泄洪隧洞和泄水管道等。

输水建筑物。它是为发电、灌溉和供水的需要，从水库向下游输水用的建筑物，如引水隧洞、引水管道等。

专门建筑物。它是专门为某一种水利事业服务而修建的建筑物，如水电站、船闸、筏道、鱼道等过坝建筑物。

上述前三种建筑物是组成蓄水枢纽必不可少的一般性水工建筑物，第四种建筑物则是根据枢纽任务要求而设置的专门性水工建筑物。例如枢纽有发电任务，就要修建水电站；有通航要求，就要修建船闸或升船机等。

（二）拦河坝

1.拦河坝的类型

拦河坝是蓄水枢纽的挡水建筑物。按其结构特点可分为重力坝、拱坝、支墩坝和土石坝。按泄水条件可分为溢流坝和非溢流坝。按筑坝材料可分为当地材料坝（如土坝、堆石坝、土石混合坝、浆砌石坝）和非当地材料坝（如混凝土坝、钢筋混凝土坝、橡胶坝等）。

拦河坝按施工方法分：对于混凝土坝，有常规方法浇筑的混凝土坝、碾压混凝土坝和预制混凝土块体装配而成的坝；对于土石坝，有碾压土石坝、水力冲填坝、水中填土坝和定向爆破堆石坝等。

2.重力坝

重力坝在水压力作用下，主要依靠坝体重力所产生的抗滑力来维持稳定。筑坝材料为混凝土或浆砌块石。坝体基本剖面呈三角形，坝底宽与坝高之比在0.7～0.9。为适应地基变形、温度变化和混凝土的施工浇筑能力，沿坝轴线每隔一定距离（如15～20 m）常设有横缝，将坝体分成若干独立坝段；为减少渗流对坝体稳定和应力的不利影响，在靠近坝体上游面设排水管，在靠近坝踵的坝基内设防渗帷幕，帷幕后设坝基排水孔。

与其他坝型相比较，重力坝的主要优点有：结构受力条件较明确，安全可靠，其失效概率较土石坝和支墩坝为低；能较好地适应各种地形、地质条件，对地基要求高于土石坝，低于拱坝，一般来说，具有足够强度的岩基均可满足要求；便于布置泄洪、导流和引水发电等建筑物；结构简单，便于机械化施工。

3.拱坝及支墩坝

拱坝在平面上呈凸向上游的拱形，在铅直面上有时也呈弯曲形状。整个坝体是一个空间壳体结构，可近似看成由拱梁系统组成。坝体承受的水平向荷载，一部分通过拱作用传至两岸岩体，另一部分通过竖向梁的作用传到坝底基岩。坝体稳定主要依靠两岸拱座的反力作用来维持，这与重力坝主要依靠自重维持稳定有本质区别，也是拱坝的主要特点。

4.土石坝

土石坝是主要利用当地土石料填筑而成的一种挡水坝，故又称当地材料坝。土石坝之所以被广泛采用，是因为这种坝型具有以下优点：就地取材，可节省大量水泥、钢材和木材；适应地基变形的能力强，对地基要求比混凝土坝低；施工技术较简单，工序少，便于机械化快速施工；结构简单，工作可靠，便于管理、维修、加高和扩建。

（三）溢洪道

1.作用及其分类

溢洪道为蓄水枢纽必备的泄水建筑物，用以排泄水库不能容纳的多余来水量，保证枢纽挡水建筑物及其他有关建筑物安全运行。溢洪道可以与挡水建筑物相结合，建于河床中，称为河床溢洪道（或坝身溢洪道），如混凝土溢流重力坝、泄水拱坝等；也可以另建于坝外河岸上，称为河岸溢洪道（或坝外溢洪道）。条件许可时采用前者可使枢纽布置紧凑，造价经济；但由于坝型（如土石坝）、地形及其他技术经济原因，很多情况下又必须或宜于采用后者。有些泄洪流量很大的水利枢纽还可能兼用河床溢洪道和河岸溢洪道。

河岸溢洪道的类型很多，从流态的区别可分为以下四种类型。①正槽溢洪道。过堰水流方向与堰下泄槽纵轴线方向一致。②侧槽溢洪道。溢流堰轴线与泄槽进口段轴线接近平行，即水流过堰后，在很短的距离内转弯约90°，再经泄槽或斜井泄入下游。③井式溢洪道。水流从平面上呈环形的溢流堰四周向心汇入，再经竖井、隧洞泄往下游的一种形式，适用于岸坡陡峻、地质条件良好的情况。④虹吸溢洪道。利用虹吸作用，使水流经翻越堰顶的虹吸管泄向下游的一种型式，可以与混凝土坝结合在一起，也可以单独建在河岸上，但由于构造复杂，工作可靠性差，所以只适用于水位变化不大而须随时间调节的中小型水库工程。

2.正槽溢洪道

正槽溢洪道结构简单，施工方便，工作可靠，因此在工程中被广泛采用，特别是拦河坝为土石坝的水库几乎少不了它。典型的正槽溢洪道，从上游到下游依次由引水渠段、控制堰段、泄槽段、消能段和尾水渠段等部分组成。但不是每座溢洪道都有引水渠和尾水渠部分。例如溢流堰若能直接面临水库，就无须设引水渠；经过消能后的水流能直接与下游原河道衔接，则也无须设尾水渠。

3.侧槽溢洪道

当两岸山坡陡峻，采用前述正槽溢洪道导致巨大的开挖工程量甚至很难布置时，采用侧槽溢洪道可能是经济合理的方案。侧槽溢洪道的主要特点是：溢流堰轴线大致沿上游水库岸边等高线布置，水流过堰后，即泄入与溢流堰大致平行的侧槽内，然后进入泄水槽流向下游。侧槽溢洪道由溢流堰、侧槽、泄水槽、消能设施和尾水渠等部分组成。这种溢洪道除侧槽外，其余部分的有关问题和正槽溢洪道基本相同。

由于溢流堰大致沿等高线布置，所以有条件采用较长的溢流堰前缘长度，以使溢流水头小而能宣泄较大的流量。其缺点是：水流过堰进入侧槽后形成横向漩滚，流量沿程增加，漩滚强度不断加剧，紊动和撞击也很强烈，流态非常复杂，与泄水槽的水面衔接也不平顺。另外，如果山坡很陡，在侧槽后开挖成开敞式泄水槽确有困难时，也可在侧槽后设置封闭式泄水斜洞，其后再接纵坡较大的平洞和出口消能设施。

（四）泄水隧洞

1.泄水隧洞的类型

泄水隧洞是指蓄水枢纽中穿越山岩建成的封闭式泄水道。按其进口高低可分为表孔和深孔两种类型。只要求在较高水位泄洪，并要求泄量随水位的增长而较快增长时，或须排除表面污物时，常采用表孔隧洞。表孔隧洞与一般的河岸式溢洪道类似，其进口水流属于堰流，超泄流量大，结构简单，运行方便可靠。当要求根据洪水预报用泄水隧洞调节水库水位时，或水库有放空、排沙的要求时，就应采用深孔隧洞。深孔隧洞的结构较复杂，超泄能力不如表孔隧洞大，对闸门要求较高。

按其过水时洞身流态区别，又可分为有压洞和无压洞两种。前者正常运用时洞内满流，以测压管水头计算的洞顶内水压力大于零，水力计算按有压管流进行；后者正常运用时洞身横断面不完全充水，存在与大气接触的自由水面，水力计算按明渠流进行，故亦称明流隧洞。有时一条泄水隧洞也可分前、后两段，设计并建成前段为有压洞，后段为无压洞。但在隧洞的同一段内，除水头较低的施

工导流隧洞外，要避免出现时而有压、时而无压的明满流交替流态。

2.工作特点

泄水隧洞是地下建筑物，其设计、建造和运行条件与传统水工建筑物相比，有不少特点。从结构、荷载等方面说，岩层中开挖隧洞后，破坏了原来的地应力平衡，引起围岩新的变形，甚至会导致岩石崩坍，故一般要对围岩衬砌支护。岩体既可能对衬砌结构施加山岩压力，在衬砌受内水压力作用而有指向围岩变形趋势时，岩体又可能产生协助衬砌工作的弹性抗力。围岩越坚强完整，则前者越小而后者越大。衬砌还会受其周围地下水活动所引起外水压力的作用。显然，泄水隧洞沿线应力争有良好的工程地质和水文地质条件。

从水力特性方面看，承受内水压力的有压隧洞如衬砌漏水，压力水渗入围岩裂隙，将形成附加的渗透压力，构成围岩失稳的因素；无压隧洞较高流速引起的自掺气现象要求设置有足够供气能力的通气设备，以维持稳定无压流态；高速水流情况下的隧洞，在解决可能出现的空蚀、冲击波、闸门振动及消能防冲问题时要特别注意体形设计，并常须进行必要的水工模型试验研究。从施工方面看，隧洞开挖，衬砌工作面小，洞线较长，工序多，干扰性大，所以工期往往较长，尤其是兼做施工导流用的隧洞，其施工进度往往控制整个工程的工期。因此，改善施工条件，增加工作面，加快开挖、衬砌支护进度，提高施工质量，也是建造泄水隧洞的重要课题。

（五）施工导流

在河流上修建各种水工建筑物，如土石坝、混凝土坝、水闸、水电站厂房等，需要对建筑物的基础进行处理，而大面积的基础处理和水工建筑物的施工很难在流水中进行。因此，必须采用临时性的挡水围堰把建筑物基坑的全部或一部分从河床中围护起来，然后把水抽干后进行施工；还必须给河水一条通道，如修建隧洞、明渠或预留部分河床等，使河水通过这些事先准备好的泄水通道流向下游，保证工程施工在不受河水干扰的情况下顺利进行。此外，还必须考虑施工期的水运、下游给水、度汛及施工后期临时泄水建筑物的封堵和围堰的拆除等。所有这些就是人们通常讲的施工导流问题。

施工导流是水利工程施工组织的重要问题之一，情况复杂，影响因素很多，如水文条件，地形、地质条件，施工期间的灌溉、通航、漂木、供水等要求，枢纽中建筑物的组成和布置，以及施工方法、施工场地和物资供应条件等。施工导流方案关系到整个工程施工进度，影响到施工方法的选择和施工场地布置，影响到工程的造价，甚至影响到水工建筑物的型式选择和枢纽布置。所以，在进行蓄水枢纽设计时，必须同时考虑并提出各阶段的导流方案作为工程设计论证的一部分重要内容。

施工导流方案的主要设计内容包括：确定各个施工阶段的导流方式和导流标准；确定各个施工阶段基坑围护的措施；设计导流的临时性挡水和泄水建筑物；选择截流时段，制定截流措施；论证水库蓄水、坝体拦洪、工程发挥效益等技术措施。施工导流方式一般可分为河床外导流和河床范围内导流两大类。前者用围堰拦断河床，迫使河水经由预先修建的泄水道（如隧洞、明渠、涵管、渡槽等）下泄；后者先用围堰保护第一期基坑并进行部分建筑物的施工，河水经由被围堰束窄后的剩余河床通过，然后再围护第二期基坑进行其他建筑物的施工，这时河水经由第一期工程中预留的泄水道（如混凝土坝的底孔、缺口，土石坝的涵管等）下泄。习惯上称第一类导流为一次拦断河床法，或全段围堰法；称第二类导流为分期施工法，或分段围堰法。必须指出：隧洞、涵管和明渠导流，并不只适用于全段围堰法导流，在分段围堰法中也可采用。例如采用隧洞导流时，河床可用围堰一次拦断使主体建筑物在围堰保护下一期施工。如果主体建筑物分期施工，则隧洞也可以作为分期导流的后期施工导流方式。底孔和坝体预留缺口导流，同样并不只是适用于分段围堰法导流，在全段围堰法施工中的后期导流时，也常有应用。

二、引（输）水工程

（一）引水枢纽

1.作用和类型

通常所称的引水枢纽（取水枢纽）系指从河道取水的水利枢纽，其作用是获取符合水量及水质要求的河水，以满足灌溉、发电、工业及生活用水的需要。引水枢纽分为无坝引水和有坝引水两大类。当河道枯水期的水位和流量能满足取水要求时，可直接在河岸修建引水枢纽，称为无坝引水枢纽；当不能满足上述要求时则须修建壅水坝（或拦河闸），用来抬高水位以满足上述要求，这种具有壅水坝闸的引水枢纽称为有坝引水枢纽。

2.无坝引水枢纽的布置

无坝引水枢纽的水工建筑物有进水闸、冲沙闸、沉沙池及上下游整治建筑物等。有的河流又有航运、漂木、渔业等要求时，还要考虑设置船闸、筏道和鱼道等。无坝引水枢纽按引水口数目分为一首制和多首制两种。

（二）沉沙池

在多泥沙河流上，虽然在取水口设有防沙设施，但是泥沙不可能全部挡在渠首以外，加之水流中又挟带有悬移质泥沙，因此还须对进入渠首的泥沙进行处理，在进水闸适当地方修建沉沙池。沉沙池断面大于引水渠的断面，水流进入沉沙池后，由于断面扩大，流速减小（为0.20 ~ 0.35 m/s），水流挟沙能力大为降低，水流中泥沙便逐渐沉淀下来。通常粗颗粒泥沙首先沉淀在沉沙池的进口处，逐渐形成三角洲。

随着时间延长，三角洲还能向池长方向延伸、增厚。较细颗粒的泥沙则由三角洲的前端沉入池底，形成异重流；当异重流运行至沉沙池尾端即停止前进。一般在池末设冲沙廊道，对沉沙池内泥沙按时冲洗。

（三）渠道

渠道是人工开挖或填筑的水道，按其作用可分为灌溉渠道、排水渠道、航运渠道、发电渠道及综合利用渠道。为了综合利用水资源和充分发挥渠道的效用，应力求兴建综合利用渠道。渠道是输水建筑物，渠内为无压的明渠流。常见的渠道系统，渠道数量由少到多，位置由高到低，各渠道输水能力由大到小。以自流灌溉渠系为例，一般从取水渠首的进水闸后开始，首先是引水干渠，其次是通至各灌区地片的支渠、斗渠，最后是分布于田间的农渠、毛渠等。

应该指出，一个渠道系统还要有很多配套建筑物（渠系建筑物）联合运行，才能有效工作。例如控制水位和调节流量的节制闸，保证渠道安全的泄水闸，渠道和河流、谷沟、道路相交时的渡槽、倒虹吸等交叉建筑物，渠道通过有集中落差地段的陡坡跌水等落差建筑物等。

（四）渠系建筑物

1.分类与选型

修建在渠道上的水工建筑物称为渠系建筑物。按其种类分为水闸、涵洞、隧洞、渡槽、倒虹吸、跌水与陡坡、沉沙池、排沙闸等。按其作用又可分为三大类：配水建筑物，如节制闸、分水闸、量水堰、测流槽等；交叉建筑物，如涵洞、倒虹吸、渡槽等；连接建筑物，如跌水、陡坡等。

当需要控制渠道流量时，应选用配水建筑物；当渠道与沟谷、河流交叉时，应选用交叉建筑物；当渠道经过陡坡地段水位急剧下降时，应选用连接建筑物；当渠道穿过山岭时，应选用隧洞；当泥沙问题较严重时，应选用沉沙池、排沙闸；当为了避免渠水漫溢或洪水冲毁渠道时，应选用泄洪闸或退水闸等建筑物。

2.涵洞

当渠道与溪谷、道路相互交叉时，在填方渠道或交通道路下面，为输送渠水或排泄溪水而设置的建筑物称为涵洞，它由进口、洞身、出口三部分组成。根据过涵水流形态不同，涵洞可以分为无压和有压或半有压的。有压涵洞多采用钢筋混凝土管或铸铁管，适用于内水压力较大、上面填方较厚的情况。无压涵洞有箱形、盖板式和拱形等。箱形涵洞多为四面封闭的钢筋混凝土结构，工作条件好，适应地基不均匀沉陷性能强，适用于无压或低压涵洞；如流量较大，可采用双孔或多孔。盖板式涵洞是用砖石做成两道侧墙，上面用石料或混凝土盖板封顶，施工简单，适用于土压力不大、跨度在 1 m 左右的情况。拱形涵洞由顶拱、侧墙、底板组成，可以采用混凝土或浆砌石建成，受力条件好，适用于填土厚度和跨度较大的无压涵洞。拱形涵洞也可做成多孔连拱式。中国四川、新疆等地采用干砌砂卵石拱形涵洞已有悠久的历史，积累了丰富的经验。

3.输水隧洞

渠道通过山梁时，若采用盘山明渠，则渠线太长或工程困难。若挖切山梁，土石方工程量又很大。因此，常采用开凿隧洞的方案。这种隧洞实际上是穿过山梁的一段地下渠道，与明渠水流一样，隧洞中的水流具有一个和大气接触的"自由水面"，因此这种输水隧洞称为"无压隧洞"。

4.渡槽

渡槽是输送渠水跨越山冲、谷口、河流、渠道及交通道路等的交叉建筑物，除输水外，还可供排水导流之用。

5.倒虹吸管

当渠道与河流、山谷、道路交叉，而彼此高程相差不大时，常埋设地下输水管把渠水引过去，这种输水方式，好像是一个倒放的虹吸管，故称为倒虹吸管。

6.跌水和陡坡

当渠道经过天然陡坡或坡度过陡的地段时，为了避免大填方或深挖方，一般根据地形将高度差适当集中，并修建落差建筑物，以连接上、下游渠道，这种建筑物称落差建筑物。跌水、陡坡是其中应用最广的落差建筑物。跌水与陡坡的主要区别在于水流特征不同：水流呈自由抛投状态自跌水口流出，最后落在消力池内的叫跌水；水流自跌水口流出后即受陡坡约束而沿槽身下泄的叫陡坡。

三、提水工程

（一）提水工程规划

提水工程即泵站工程，是利用机电提水设备增加水流能量，通过配套建筑物将水由低处提升至高处，以满足兴利除害要求的综合性系统工程。提水工程被广泛地应用于农田灌溉排水、市政供排水、工业生产用水及跨流域调水等许多方面。各种泵站的用途虽然不同，但其组成建筑物基本相同，一般有进水建筑物[包括取水建筑物、引水建筑物、前池、进水池、进水管（流）道等]、泵房、出水建筑物[出水池或压力箱涵、出水管（流）道]、交通及附属建筑物等；电力泵站还设有变电站。

取水建筑物建于水源岸边或水中，结构型式有取水头部、进水闸、进水涵洞等。其作用是取水、防沙、防洪、调节流量、控制水位及检修时截断水流。引水建筑物有引水涵管、明渠或河道等，其作用是自水源引水至前池，并创造良好的水流状态。前池是引水建筑物与进水池的联结段，其作用是平稳水流，避免强烈的回流和漩涡出现。进水池的作用是供水泵进水管（流道）或水泵直接进水。进水管（流）道包括进水管道、进水流道（大型泵站），其作用是从进水池平顺引水，供给水泵。泵房是安装主机组、辅助设备及电气设备的建筑物，它为机组运行和工作人员提供良好的工作环境。主机组包括水泵、传动设备及动力机，是泵站的核心。主机组将外来能量转换为所提升水体的能量。出水管（流）道包括出水管道（又称压力水管）、出水流道，其作用是将水泵抽出的水压向出水建筑物。出水建筑物的主要作用是承纳出水管道的来流，消除管口出流余能，使之平顺地流入输水管渠或容泄区，并设有防止停机倒流设备。变电站是以电力为能源的泵站不可缺少的降电压工程。交通建筑物包括道路、栈桥、工作桥、船闸、码头等。附属建筑物包括办公用房、修配厂、仓库、宿舍等。

（二）泵房

泵房是安装主机组辅助设备、电气设备及其他设备的建筑物，是整个泵站工程的主体，为机电设备及运行管理人员提供必要的工作条件。因此，合理地设计泵房，对节约工程投资、延长机电设备使用寿命、保证安全和经济运行有着很重要的意义。

（三）进、出水建筑物

1.取水建筑物

用涵管从水源中取水的建筑物称为取水头部。其结构形式较多，有重力式、沉井式、桩架式、悬臂式、底槽式及隧洞式等。各种取水头部有其不同的特点及适用条件，选择时应考虑水质、河床与地形、上下游建筑物、冰凌、工程地质条件、施工条件等因素。自水源岸部取水的建筑物有进水涵、闸、开敞式取水口等。在多泥沙河道中取水，要选择有利位置，引取含沙量少的表层水，并采用导流设施将含沙量大的底层水导走，同时在引渠适当地点设置沉沙池。

2.引水建筑物

当泵房远离水源时，应设置引水建筑物，有明渠、压力涵管等形式。其中，引水明渠以其结构简单、工程投资少、水流条件好得以普遍采用。引渠的设计方法与一般输水渠道相同，即按均匀流设计，按不冲不淤条件校核。

四、发电工程

（一）水能规划

1.水电开发方式

地球的表面约有3/4为水域所覆盖。大量的水从水面蒸发，又以降水形式落在地表的不同海拔高程处。这种自然界重复再生、循环不息的水体，从山区和高原汇成河川，奔腾而下，携带着可供利用的能量。在天然状态下，这种能量损耗在克服水流外部与内部的种种摩擦力、水流与河床的相互作用、输移泥沙、冲刷河槽及水流内部不规则运动分子间的相互作用上。

如在较短的段落上有集中的水位落差，就可以有效地利用水流能量。当有天然瀑布时，水流能量的利用可大为简化，然而这样的条件是罕见的；要利用分布在一段长距离的河川上的落差，则须用人工方法将落差集中，可以采用不同的途径来实现这样的集中。

第一，坝式开发。在适宜开发的地址建筑水坝，迫使水位壅高以集中落差，即形成水头。同时，水坝上游蓄水成库，起着调节作用，可在丰水期储备水量以最充分地利用水能。

第二，引水式开发。从天然河道经过纵比降很小的人工引水道引水。这样，引水道末端的水位就高出了河道的水位，从而获得集中落差，这一水位差即可形成水电站的水头。

第三，混合式开发。同时用坝和引水建筑物形成水头。

不论按上述哪一种开发方式建成的水电站，均须借助设置在水电站厂房中的水轮机、发电机及各种辅助设备使水能转换成电能。

2.水电站的组成建筑物

水电站一般由下列七类建筑物组成。①挡水建筑物。用于截断河流，集中落差，形成水库，一般为坝和闸。②泄水建筑物。用以下泄多余的洪水，或放水以供下游使用，或放水以降低水库水位，如溢洪道、泄洪隧洞、放水底孔等。③水电站进水建筑物。用以按水电站发电要求将水引进引水道。④水电站引水建筑物。用以将发电用水由进水建筑物输送给水轮发电机组，并将发电用过的水流排向下游。后者有时称为尾水建筑物。根据自然条件和水电站类型的不同，引水建筑物可以采用明渠、隧洞、管道等。有时引水建筑物中还包括渡槽、涵洞、倒虹吸、桥梁等交叉建筑物。⑤水电站稳压建筑物。当水电站负荷变化时，用以平稳引水建筑物中流量及压力的变化，如有压引水式水电站中的调压室及无压引水式水电站中的压力前池等。⑥发电、变压和配电建筑物。其包括安装水轮发电机组及其控制辅助设备的厂房、安装变压器的变压器场及安装高压开关的开关站，它们常集中在一起，统称为厂房枢纽。⑦其他建筑物。例如过船、过木、过鱼、拦沙、冲沙等建筑物。

（二）水力机械和电气设备

为了实现水电站的主要功能——发电，必须安装各种水力机械和电气设备，而这些设备也同时决定着水电站的运行效率和可靠性。因此，选择主要设备和辅助设备的型号和参数，在保证运行方便的条件下考虑设备的特性和相互关系、解决设备的组成和布局问题是水电站厂房设计的一个极其重要的阶段。

（三）水电站建筑物

1.厂房

厂房是装置水轮机及其他附属设备和辅助生产设施的建筑物，通常由主厂房和副厂房组成，小型水电站也可不设副厂房。主厂房又分为主机间和安装间。主机间装置水轮机、发电机及其附属设备，安装间是机组安装和检修时摆放、组装和修理主要部件的场地。副厂房包括专门布置各种电气控制设备、配电装置、电厂公用设施的车间及生产管理工作间。主厂房、副厂房连同附近的其他构筑物及设施，如主变压器场及高压开关站，统称厂区，是水电站的运行、管理中心。按厂房结构及布置特点，水电站厂房分为地面式厂房、地下式厂房、坝内式厂房和溢流式厂房。地面式厂房建于地面，按其位置不同，又可分为河床式厂房、坝后式厂房、岸边式厂房。地下式厂房位于地下洞室中。也有半地下式厂房，其厂房的上部露出地面。坝内式厂房位于坝体空腔内。溢流式厂房常位于溢流坝坝趾，坝上溢出水流流经或越过厂房顶，泄入尾水渠。

③水电站主厂房的分层。水电站主厂房在高度方向常分为数层，从上而下可以有装配场层、发电机层、水轮机层、蝶阀层、蜗壳层、尾水管层。按照一般习惯，发电机层以上称上部结构及主机房，发电机层以下统称下部结构，而水轮机层以下则称下部块体结构。

水电站厂房是为安置机电设备服务的。为了安全可靠地完成变水能为电能并向电网或用户供电的任务，水电站厂房内配置了一系列的机械、电气设备，可归纳为五大系统。

第一，水力系统，即水轮机及其进、出水设备，包括钢管、水轮机前蝴蝶阀（或球阀）、蜗壳、水轮机、尾水管及尾水闸门等。

第二，电流系统。电流系统即所谓电气一次回路系统，包括发电机、发电机引出线、母线、发电机电压配电设备、主变压器、高压开关站及配电设备等。

第三，机械控制设备系统。机械控制设备系统包括：水轮机的调速设备，蝴蝶阀的控制设备，减压阀或其他闸门、拦污栅等操作控制设备。

第四，电气控制设备系统。电气控制设备系统即所谓电气二次回路系统，包括机房盘、励磁设备、中央控制室、各种控制及操作设备。

第五，辅助设备系统。辅助设备系统即为设备安装、检修、维护运行所必需的各种电气及机械辅助设备。

2.前池

压力前池是引水渠道和压力水管之间的连接建筑物。压力前池的用途是把引水道的无压部分和有压部分或水轮机压力管连接起来，把水量均匀地分配给每一条水管。在运行和事故情况下，均应保证能单独开启和关闭任一压力水管。压力前池应能在水电站出力变化和发生事故的情况下，宣泄多余的水量，抑制涌浪，改善机组运行条件；在水电站停机时供给下游用户所必需的流量。

此外，压力前池应有防止漂浮物、冰凌及泥沙等进入水轮机引水管的设施。压力前池由下列主要建筑物和构件组成：进水设施；前室，其作用为使水流平缓地流进进水设施；泄水建筑物的首部结构（虹吸管、溢流堰等）；泄水和排水设施；冲沙设施；放水底孔，用以放空压力前池和引水道（冲沙设施和放水底孔在多数情况下可合并使用）。如果压力前池还担负有灌溉或供水的任务，池上还应布置相应的取水建筑物。压力前池布置在较陡的岸坡上或接近岸坡。在压力前池的地基中和绕过挡水墙易形成渗径很短的、危害性较大的渗流，引起地基的管涌、滑坡、压力前池建筑物不均匀沉陷，甚至使建筑物遭到破坏。为此，应采用各种防渗措施，如建筑物内表面的衬砌、地基土壤的人工加固、深齿墙、板桩齿墙、灌浆帷幕等。

3.压力管道

压力管道是从水库或引水道末端的压力前池或调压室将水以有压状态引入水轮机的输水管，它是集中了水电站全部或大部分水头的输水管。压力管道的特点是：坡度陡；承受电站的最大水头，且受水锤的动水压力；靠近厂房。因此，压力管道的安全性和经济性受到特别重视，对材料、设计方法和工艺等有着不同于一般水工建筑物的特殊要求。

第三节　水利水电施工设计

一、施工组织设计文件的编制

施工组织设计是一种用来指导拟建工程施工全过程中各项活动的技术、经济及组织的综合性文件。在对施工组织设计进行编制的时候，需要以不同设计阶段施工组织设计的基本内容和深度要求为依据。

可行性研究报告阶段：执行《水利水电工程可行性研究报告编制规程》（SL/T 618-2021）第9章"施工组织设计"的有关规定，其深度应满足编制工程投资估算的要求。

初步设计阶段：执行《水利水电工程初步设计报告编制规程》（SL/T 619-2021）第9章"施工组织设计"的有关规定，并执行《水利水电工程施工组织设计规范》（SL 303-2017），其深度应满足编制总概算的要求。

技施设计阶段：主要是招投标阶段的施工组织设计（施工规划，招标阶段后的施工组织设计将由施工承包单位负责完成），执行或参照执行《水利水电工程施工组织设计规范》（SL 303-2017），其深度应满足招标文件、合同价标底编制的需要。

二、施工组织设计的分类

（一）按工程项目编制阶段分类

根据工程项目建设设计阶段和作用的不同，可以将施工组织设计分为设计阶段施工组织设计、施工招投标阶段施工组织设计、施工阶段施工组织设计。

1.设计阶段施工组织设计

这里所说的设计阶段主要是指设计阶段中的初步设计阶段。在做初步设计时，采用的设计方案必然联系到施工方法和施工组织，不同的施工组织所涉及的施工方案不同，所需投资亦不同。

设计阶段施工组织设计是对整个项目的全面施工进行安排和组织，涉及范围是整个项目，内容要重点突出，施工方法拟定要经济可行。这一阶段的施工组织设计是初步设计的重要组成部分，也是编制总概算的依据之一，由设计部门负责编写。

2.施工招投标阶段施工组织设计

水利工程施工投标文件通常可以分为两类，即技术标与商务标。这里提到的技术标指的就是施工组织设计部分。这一阶段的施工组织设计以招标文件为主要依据，以在投标竞争中取胜为主要目的，是投标文件的重要组成部分，同时也是进行投标报价的基本依据。在此阶段，施工组织设计的编写工作主要由施工企业技术部门负责。

3.施工阶段施工组织设计

施工企业通过竞争取得对工程项目的施工建设权，从而也就承担了对工程项目建设的责任，这个建设责任主要是在规定的时间内，按照合同双方规定的质量、进度、投资、安全等要求完成建设任务。这一阶段的施工组织设计主要以分部工程为编制对象，以指导施工，控制质量、进度、投资，从而顺利完成施工任务为主要目的。这一阶段的施工组织设计是对前一阶段施工组织设计的补充和细化，主要由施工企业项目经理部技术人员负责编写，以项目经理为批准人，并监督执行。

（二）按工程项目编制的对象分类

1.施工组织总设计

在对施工组织总设计进行编制的时候，全部的建设项目是其编制的对象，因此它能够对工程施工中每项施工活动进行指导，是一种比较周密的规划，包含的范围十分广泛，内容也十分全面。

施工组织总设计的主要用途是明确工程建设需要的总工期、所有单位工程项目建设需要遵循的顺序与工期、主要工程的施工方案、各种与施工相关物资的供需设计、整个施工场地的临时工程与准备工作的总体布置、施工现场的布置工作等。除了上面提到的用途，施工组织总设计还是施工单位编制年度施工计划和单位工程施工组织设计的基础条件。

2.单位工程施工组织设计

单位工程施工组织设计是以一个单位工程为编制对象，用以对单位工程施工过程中所有的施工活动起到指导作用的指导性文件，它不仅是施工单位年度施工设计的具体体现，还是施工组织总设计的具体体现，同时也是施工单位在对作业规程进行编制时，以及对季、月、旬的施工计划进行制订时应该采取的依据。单位工程施工组织设计编制工作通常是在做完施工图设计之后进行的，由于工程本身规模大小不一，以及工程施工时所采用的技术也有着不同的复杂程度，其编制出来的内容，不管是在深度方面，还是在广度方面，都会存在不一样的地方。对那些相对来说不是那么复杂的单位工程来说，施工组织设计通常只需要对施工方案进行编制再附上施工进度表及施工平面图。单位工程施工组织设计的编制工作应该由工程项目的技术负责人在拟建工程开始建设之前完成。

3.分部（分项）工程施工组织设计

分部（分项）工程施工组织设计也称为分部（分项）工程施工作业设计。它是把分部（分项）工程当成编制对象，用以具体指导其分部（分项）工程施工全过程的各项施工活动的技术、经济和组织的综合性文件。分部（分项）工程施工组织设计的编制工作通常是在单位工程施工组织设计将施工所使用的方案确定下来之后，再由施工队（组）技术人员进行的，它包含的内容十分全面，具有非常强的可操作性，能够对分部（分项）工程施工工作的开展起到指导作用。

三、施工组织设计的内容

根据《水利水电工程初步设计报告编制规程》（SL/T 619-2021）和《水利水电工程施工组织设计规范》（SL 303-2017），初步设计的施工组织设计应包含以下九方面内容。

（一）施工条件分析

之所以要对施工条件进行分析，是因为要对它们可能对工程施工起到的作用，以及产生的影响进行判断与分析。有利的条件充分地进行利用，避免或减少不利因素的影响。

施工条件主要包括自然条件与工程条件两方面。

1.自然条件

①洪水多发时段、枯水时段、各种频率下的流量及洪峰流量、水位与流量之间存在的关系、洪水本身的特性、冬季冰凌情况（这主要是针对北方河流来说

的）；②施工区支沟各种频率洪水、泥石流及上下游水利水电工程对本工程施工的影响；③枢纽工程区的地形、地质、水文地质条件等资料，枢纽工程区的气温、水文、降水、风力及风速、冰情和雾等资料。

2.工程条件

①枢纽建筑物的组成，枢纽建筑物具体的结构形式及主要尺寸，还有对枢纽建筑物进行建设时涉及工程量的大小；②泄流能力曲线，水库本身具有的特点，水库中的水位，对水能进行划分时使用的主要指标，对水库中存储的水量进行分析与计算的方法，库区淹没及移民安置条件等规划设计资料；③工程所处地区具备的对外交通运输条件，上游以及下游能够使用的场地面积的大小及其分布状况；④工程施工本身具有的特征及同别的相关部门的施工协调；⑤施工过程中的供水、环境保护及大江大河上的通航、过木、鱼群洄游等特殊要求；⑥工程施工时使用的主要天然建筑材料及大宗材料的来源和供应条件；⑦工程所处地区的水源、电源、通信的基础条件；⑧国家、地区或者相关部门提出来的与该工程施工准备及工期等方面有关的要求；⑨承包市场的情况，包括有关社会经济调查和其他资料等。

（二）施工导流设计

之所以要进行施工导流，主要是因为要对工程施工整个过程中产生的与挡水、泄水及蓄水相关的问题进行恰当的处理。施工导流设计的目的是通过对不同阶段导流方式的特性和相互关系进行系统分析、全面规划、周密安排，以选择技术上可行、经济上合理的导流方案，保证主体工程的正常安全施工，并使工程尽早发挥效益。

第一，导流标准。所谓的施工导流就是在河床中修筑围堰围护基坑，并且要把施工过程中处于河道上游位置的水，根据设定好的方式导向河道下游的位置，为工程建设的开展创造干地施工条件。而所谓导流标准指的就是选择导流设计流量进行施工导流设计的标准，主要可以将其划分为初期导流标准、坝体拦洪度汛标准及孔洞封堵标准等。

第二，导流方案。所谓导流方案主要是指一个水利水电工程的施工从开始建设到最后建设完成，所运用的一种或者多种导流方法的组合。一个合理的导流方案应该是技术上可行，经济上节省。

在对导流方案进行选择的时候，需要考虑的因素如下：河流本身具有的水文条件；坝区附近的地形条件，如河床宽度、有无沙洲可供利用、河道弯曲程度和形状、河岸是否有宽阔的施工场地等；河流两岸及河床的地质条件和水文地质条件，如河岸岩石是否坚硬、能否开凿隧洞、河床抗冲刷能力、基础覆盖层厚度等；水工建筑物的形式及其布置；施工期间河流的综合利用；施工进度、施工方法和施工场地布置。

第三，导流工程施工。导流工程的施工主要包括：导流建筑物（如隧洞、明渠、涵管等）的开挖、衬砌等施工程序、施工方法、施工布置、施工进度，选定围堰的用料来源、施工程序、施工方法、施工进度及围堰的拆除方案，基坑的排水方式、抽水量及所需设备。

第四，截流。在对施工时的水流进行控制的过程中，在临时导流泄水建筑物（隧洞、明渠、底孔等）完工以后，将原本的河床截断，使得河水只能通过临时泄水道下泄的过程，被叫作施工截流。在对水利水电工程进行施工时，施工截流是非常重要的一个控制性环节。施工截流的成败往往直接影响整个工程的进展，稍有不慎，可能将整个工期推迟一年。

能够实现截流的方法包括定向爆破截流、闸门截流及抛石截流。定向爆破截流适用于全段围堰法。闸门截流一般用于分期导流的后期，即关闭导流隧洞、导流底孔或导流明渠前期导流建筑物上预留的闸门，最后截断河水。下闸后，水库即开始蓄水投入运行。在施工截流时，抛石截流是使用频率最高的一种方法。

第五，施工期间的通航和过木措施。在大江大河上施工时，应根据有关部门对施工期（包括蓄水期）通航、过木等的要求，调查核实施工期间过闸（坝）通航船只、木筏的数量、吨位、尺寸及年运量、设计运量等，对有可能阻碍通航或不能进行通航的时段进行分析，并研究其可能造成的影响，同时要对解决方法进行研究。施工企业在对方案进行比较与分析时，不仅要提出施工期各导流阶段通航、过木的措施和设施，分析其可通航天数和运输能力，还应论证施工期通航与蓄水期永久通航的过闸（坝）设施相结合的可能性，以及它们之间存在的衔接关系。

（三）主体工程施工

所谓的主体工程主要是指那些主要的建筑物，如挡水建筑物、泄水建筑物、引水建筑物及发电建筑物等，要以所有建筑物自身的施工条件、程序、方法、强度、布置、进度及机械等问题为依据进行对比，并且要进行分析，最后做出最合适的选择。

对于有机电设备和金属结构安装任务的工程项目，应对主要机电设备和金属结构的加工、制作、运输、拼装、吊装及土建工程与安装工程的施工顺序等问题，进行与之对应的设计并且要对其进行论证。

（四）施工交通运输

1.对外交通

对外交通运输需要对技术、经济等方面进行比较分析，选择那些在技术上更加可靠的、经济上更加合理的、运行上不存在困难的、不会受到很多干扰的、不需要花费太多时间进行施工的、能够让场内交通的衔接变得更加方便的方案。运输方案编制是解决对外交通的核心部分。在对运输方案进行选择时，需要考虑工程所处地点交通运输设施的实际情况、施工时要完成的总运输量、分年度运输量及运输强度、重大件运输条件、与国家（地方）交通干线的连接条件及场内外交通的衔接条件，交通运输工程的施工期限及投资、转运站及主要桥涵、渡口、码头、站场、隧道等的建设条件。在编制运输方案时，尽量按照不同的组合编制多个方案，然后通过选择、优化最终确定最优方案。

一般情况下，在进行对外交通时，最常使用的运输方式就是公路运输；在有能力并且条件允许的情况下，可以采用水路、铁路等运输方式进行运输，或者把几种运输方式结合起来进行使用。在为大件设备的运输制订方案时，需要根据当地现有的能够进行运输的道路的具体路况、在修建建筑物时应该遵循的技术标准及通行条件，拟定与当地实际情况相适应的改进方法，并且要在同相关单位进行协商后，才能够确定采取什么样的措施。在有需要的时候，应该专门报告给相关的主管部门进行审批。应该尽可能减少大件设备在运输时进行转运的次数。在对外来物资进行运输时，可采取不止一种运输方式，这就要求在改变运输方式的地点设置相应的转运站，至于设置的转运站应该具有多大的规模，则需要以物资来源、类型及到货情况等为依据，同相关部门进行接洽协商，然后确定。

2.场内交通

在对水利水电工程项目进行施工时，涉及的场内交通要以按照施工总进度确定的运输量及运输强度为依据，并且要与施工总布置相结合，以此统一地进行规划，并且需要对其进行分析与计算。水利水电工程场内交通所遵循的技术标准应该符合《水利水电工程施工组织设计规范》（SL 303-2017）附录E的相关要求。

对于场内交通中那些一般性的附属设备应该统一进行规划，而对于那些专业性比较强的附属设施应该根据相关的专业标准进行设计。在对场内跨河设施的建设地点进行选择时，需要注意的是，选择出来的位置要符合水利工程、导流工程进行施工时产生的需要，应该设置在河道顺直，水流稳定，并且地形及地质条件相对来说都比较好的河段。在有需要的时候，还应该采取水工模型试验的方式对选择出来的位置进行验证。

（五）施工工厂设施和大型临建设施

对于施工工厂设施，需要以施工的任务及要求为依据，分别确定各自位置、规模、设备容量、生产工艺、工艺设备、平面布置、占地面积、建筑面积和土建安装工程量，提出土建安装进度和分期投入的计划。而对于那些规模比较大的临建工程，应该专门对其进行设计，对其建设需要根据工程实物的数量，以及施工时应该遵循的步骤进行合理安排。

（六）施工总布置

施工总布置最重要的任务就是分期、分区及分标地规划开展施工工作的场地，其进行的主要依据就是施工场地本身地形地貌特征、枢纽主要建筑物的施工方案及所有临建设施的布置要求。对分期与分区的布置方案及每个承包单位进行施工的场地范围进行明确；对土石方的开挖、堆料、弃料和填筑进行综合平衡，提出各类房屋分区布置一览表，对需要使用多少土地以及进行施工需要征用多少土地进行估算；并提出科学合理的土地使用计划，对施工时如何同时兼顾环境保护进行研究，以及研究施工地点植被恢复的可能性。

（七）施工总进度

在安排施工总进度时，一定要与国家制定的与工程投产相关的规定相符合。

要想对施工的进度进行科学合理的安排，就一定要对工程本身规模的大小、导流应该遵循的程序、施工地点的对内交通、与临时建筑物相关的准备工作等因素进行认真的分析，对全部工程的施工总进度进行拟定，对项目开始的日程与结束的日程进行明确，并弄清楚它们之间存在的衔接关系；对于导流截流、拦洪度汛、封孔蓄水、供水发电等控制环节及工程建设需要完成的形象面貌，应该进行专门的论证；对土石方、混凝土等主要工种工程的施工强度，对劳动力、主要建筑材料、主要机械设备的需用量，要进行综合平衡；应该对施工工期与工程需要花费的费用之间存在的关系进行分析，提出能够合理地缩短工期的建议。施工总进度需要对处于关键线上的工程进行划分，让主、次关键工程变得更加突出，同时也应该突出显示重要工程；确定工程开始的日期、截流与蓄水的日期、第一台机组开始发电的日期及工程建设完成的日期。

（八）主要技术供应计划

根据施工总进度的安排和定额资料的分析，对主要建筑材料（如钢材、钢筋、木材、水泥、粉煤灰、油料、炸药等）和主要施工机械设备，列出总需要量计划及分年需要量计划。

（九）附图

在完成以上的设计内容之后，还需要结合工程的现实状况提供一些附图，具体包括：施工场内外交通图，施工转运站规划布置图，施工征地规划范围图，施工导流方案图，施工导流分期布置图，导流建筑物结构布置图，导流建筑物施工方法示意图，施工期通航布置图，主要建筑物土石方开挖施工程序及基础处理示意图，主要建筑物土石方填筑施工程序、施工方法及施工布置示意图，主要建筑物混凝土施工程序、施工方法及施工布置示意图，地下工程开挖、衬砌施工程序、施工方法及施工布置示意图，机电设备、金属结构安装施工示意图，当地建筑材料开采、加工及运输路线布置图，砂石料系统生产工艺布置图，混凝土拌和系统及制冷系统布置图，施工总布置图，施工总进度表及施工关键路线图。

必须指出，施工组织设计从内容上看是各自有各自注重的方面，并且都各具特色，可是这些内容之间却存在着十分密切的联系，是相辅相成的关系。对施工组织设计的内容进行研究，搞明白这些内容之间存在的内在联系，不仅有利于做好与施工组织设计相关的工作，同时也有利于做好施工场地的组织工作与管理工作。

四、施工组织设计所需要的主要资料

（一）可行性研究报告施工部分需收集的基本资料

可行性研究报告施工部分须收集的基本资料包括：①可行性研究报告阶段得到的与水工及机电设计相关的成果；②工程所处地区对外交通的现实情况及最近一段时间的发展规划；③工程所处地区及周围能够提供的施工场地的具体情况；④工程建设地点的水文气象资料；⑤在施工期间，通航、过木及下游用水等要求情况；⑥所需建筑材料的主要来源及供应条件；⑦施工地点水电方面的实际情况及供应条件；⑧地方及各部门提出的与工程建设相关的要求与意见。

（二）初步设计阶段施工组织设计需补充收集的基本资料

初步设计阶段施工组织设计须补充收集的基本资料如下：①可行性研究报告及可行性研究阶段收集的基本资料；②初步设计阶段的水工及机电设计成果；③进一步调查落实可行性研究阶段收集的②～⑦项资料；④该地区能够提供的修理与加工能力的现实状况；⑤工程地点承包市场的现状，该地区能够供给多少劳动力；⑥该地区能够提供的生活必需品及实际的供应情况，该地区居民在生活上的习惯；⑦工程所在河段水文资料、洪水具有的特点、各种频率的流量及洪量、水位与流量之间的相互关系、冬季冰凌情况（北方河流）、施工区各支沟各种频率洪水、泥石流及上下游水利工程对本工程的影响情况；⑧工程所处地区的地形、地貌、水文地质条件，以及气温、水温、地温、降水、风、冻层、冰情和雾的特性资料。

（三）技施阶段施工规划需进一步收集的基本资料

技施阶段施工规划须进一步收集的基本资料有如下四方面。①初步设计中的施工组织总设计文件及初设阶段收集到的基本资料。②技施阶段的水工及机电设计资料与成果。③进一步收集国内基础资料和市场资料。一是工程开发地区的自然条件、社会经济条件、卫生医疗条件、生活与生产供应条件、动力供应条件、通信及内外交通条件等。二是国内市场可能提供的物资供应条件及技术规格、技术标准。三是国内市场可能提供的生产、生活服务条件。四是劳务供应条件、劳务技术标准与供应渠道。五是工程开发项目所涉及的有关法律规定。六是上级主管部门或业主单位对开发项目的有关指示。七是项目资金来源、组成及分配情况。八是项目贷款银行（或机构）对贷款项目的有关指导性文件。九是技术设计有关地质、测量、建材、水文、气象、科研、试验等的资料与成果。十是有关设备订货的资料与信息。十一是国内承包市场有关技术、经济的动态与信息。④补充搜集国外基础资料与市场信息（国际招标工程需要）。一是国际承包市场同类型工程技术水平与主要承包商的基本情况。二是国际承包市场同类型工程的商业与经济动态。三是工程开发项目所涉及的物资、设备供货厂商的基本情况。四是海外运输条件与保险业务情况；五是工程开发项目所涉及的有关国家的政策、法律、规定。六是由国外机构进行的有关设计、科研、试验、订货等的资料与成果。

五、施工组织设计的编制原则

第一，实行国家制定的相关方针政策，严格执行国家基本建设程序和遵守有关技术标准、规程、规范，并且应该与《中华人民共和国招标投标法》中的相关规定以及国际招投标中的相关惯例相符。

第二，施工组织设计应该是面向社会进行的，进行的调查不能仅仅局限于表面，而应进行深入的调查，收集与其相关的市场信息，以工程本身具有的特征为依据，提出适合在本地进行工程建设的施工方案，并且应该对技术经济等方面进行具体且详细的比较分析。

第三，对新技术、材料、工艺以及设备进行开发，并对其进行推广，在技术与经济效益进行提高方面做出不懈的努力。

第四，统一进行规划与安排，恰当地对各分部分项工程进行协商，均衡地进行施工。

第五，在工程建设时要遵守工程所在地区有关基本建设的法规条例或按照地方政府的要求，不得对工程所处地区及河流本身具有的自然特性造成破坏，要有上级单位对工程建设的可行性研究报告的批复文件。

第二章　导截流工程施工

水利工程的主体建筑物，如大坝、水闸等，一般是修建在河流中的。而施工是在干地中进行的，这样就需要在进行建筑物施工前，把原来的河道中的水暂时引向其他地方并流入下游。例如要建一座水电站，先在河床外修建一条明渠，使原河流经过明渠安全泄流到下游。用堤坝把建筑物范围内的河道围起来，这种堤坝就叫作围堰。围堰围起来的河道范围叫作基坑。排干基坑中的水后即可作为施工现场。这种方法就是施工导流。

第一节　导截流工程施工导流

施工导流是保证干地施工质量和施工工期的关键，是水利工程施工特有的施工情况，对水利工程建设有重要的理论和现实意义。

一、导流设计流量的确定

（一）导流标准

知道导流设计流量的大小是施工导流的前提和保证。只有在保证施工安全的前提下，才能进行施工导流。导流设计流量取决于洪水频率标准。

施工期可能遭遇的洪水是一个随机事件。如果导流设计标准太低，不能保证工程的施工安全；反之，则会使导流工程设计规模过大，不仅导流费用增加，而且可能因其规模太大而无法按期完工，造成工程施工的被动局面。因此，导流设计标准的确定，实际上是要在经济性与风险性之间寻求平衡。

根据现行《水利水电工程施工组织设计规范》（SL 303-2017），在确定导流设计标准时，首先根据导流建筑物的保护对象、使用年限、失事后果和工程规模等因素，将导流建筑物确定为 3 ～ 5 级，具体按以下级别划分。①级别3，保护对象是有特殊要求的1级永久性水工建筑物，失事后果是淹没重要城镇、工矿企业、交通干线或推迟工程总工期及第一台（批）机组发电，推迟工程发挥效益，造成重大灾害和损失。实用年限＞3年，围堰高度＞50 m，库容＞1.0×10^8 m^3。②级别4，保护对象是1级、2级永久性水工建筑物，失事后果是淹没一般城镇、工矿企业或影响工程总工期和第一台（批）机组发电，推迟工程发挥效益，造成较大经济损失。3年≥实用年限≥1.5年，50 m≥围堰高度≥15 m，1.0×10^8 m^3≥库容≥0.1×10^8 m^3。③级别5，保护对象是3级、4级永久性水工建筑物，失事后果是淹没基坑，但对总工期及第一台（批）机组发电影响不大，对工程发挥效益影响不大，经济损失较小。实用年限＜1.5年，围堰高度＜15 m，库容＜0.1×10^8 m^3。

然后根据导流建筑物级别及导流建筑物类型确定导流建筑物洪水标准，标准如下。①土石结构建筑物，导流建筑物级别3，重现期（年）是50～20；导流建筑物级别4，重现期（年）是20～10；导流建筑物级别5，重现期（年）是10～5。②混凝土、浆砌石结构，导流建筑物级别3，重现期（年）是20～10；导流建筑物级别4，重现期（年）是10～5；导流建筑物级别5，重现期（年）是5～3。

在确定导流建筑物的级别时，当导流建筑物根据以上指标分属不同级别时，应以其中最高级别为准。但当列为3级导流建筑物时，至少应有两项指标符合要求；规模巨大且在国民经济中占有特殊地位的水利水电工程，其导流建筑物的级别和设计洪水标准，应经充分论证后报主管部门批准；导流建筑物级别应根据不同的导流分期按上述规定划分，同一导流分期中的各导流建筑物的级别，应根据其不同作用划分；同一导流分期各导流建筑物的洪水标准应相同，与主要挡水建筑物的洪水标准一致；当利用围堰挡水发电时，围堰级别可提高一级，但必须经过技术经济论证；当导流建筑物与永久性建筑物结合时，导流设计级别与洪水标准仍按上述规定执行；结合部分结构设计应采用永久性建筑物级别标准，但导流设计级别与洪水标准仍按上述规定执行。

当4～5级导流建筑物地基的地质条件非常复杂，或工程具有特殊要求必须采用新型结构，或失事后淹没重要厂矿、城镇时，其结构设计级别可以提高一级，但设计洪水标准不相应提高。

导流建筑物设计洪水标准应根据建筑物的类型和级别在上述规定幅度内选

择，并结合风险度综合分析，使所选择标准经济合理；对失事后果严重的工程，要考虑对超标准洪水的应急措施。导流建筑物洪水标准在下述五种情况下可用规定中的上限值。

一是河流水文实测资料系列较短（小于20年），或工程处于暴雨中心区。

二是采用新型围堰结构形式。

三是处于关键施工阶段，失事后可能导致严重后果。

四是工程规模、投资和技术难度的上限值与下限值相差不大。

五是在导流建筑物级别划分中属于本级别上限。

当枢纽所在河段上游建有水库时，导流建筑物采用的洪水标准及设计流量应考虑上游梯级水库的调蓄及调度的影响。导流设计流量应通过技术经济比较后，由同频率下的上游水库下泄流量和区间流量组合分析确定。

过水围堰的挡水标准应结合水文特点、施工工期、挡水时段，经技术经济比较后，在重现期3～20年内选定。当水文序列较长不小于30年时，可根据实测流量资料分析选用。

过水围堰过水时的设计水标准应根据过水的级别和导流建筑物洪水标准选定。当水文系列不小于30年时，也可按实测典型年资料分析选用。并可通过水力学计算或水工模型试验，采用围堰过水时最不利流量作为设计依据。

（二）导流时段划分

导流时段就是按照导流程序划分的各施工阶段的延续时间。中国一般河流全年的流量变化过程分为枯水期、中水期和洪水期。在不影响主体工程施工的条件下，若导流建筑物只担负非洪水期的挡水泄水任务，显然可以大大减少导流建筑物的工程量，改善导流建筑物的工作条件，具有明显的技术经济效益。因此，合理划分导流时段，明确不同导流时段建筑物的工作条件，是既安全又经济地完成导流任务的基本要求。

导流时段的划分与河流的水文特征、水工建筑物的形式、导流方案、施工进度有关。土坝、堆石坝和支墩坝一般不允许过水。当施工进度能够保证在洪水来临前完工时，导流时段可按洪水来临前的施工时段为标准，导流设计流量即为洪水来临前的施工时段内按导流标准确定的相应洪水重现期的最大流量。但是当施工期较长，洪水来临前不能完建时，导流时段就要考虑以全年为标准，其导流设计流量就应以导流设计标准来确定相应洪水期的年最大流量。

山区型河流的特点是：洪水期流量特别大、历时短，而枯水期流量特别小。因此，水位变幅很大。若按一般导流标准要求设计导流建筑物，则须将挡水围堰修得很高或者将泄水建筑物的尺寸设计得很大，这样显然是很不经济的。可以考虑采用允许基坑淹没的导流方案，就是大水来时围堰过水，基坑被淹没，河床部分停工，待洪水退落、围堰挡水时再继续施工。由于基坑淹没引起的停工天数不长，故使得施工进度能够保证，而导流总费用（导流建筑物费用与淹没基坑费用之和）又较节省，所以比较合理。

二、施工导流方案的选择

水利水电枢纽工程的施工，从开工到完建往往不是采用单一的导流方法，而是几种导流方法组合起来配合运用，以取得最佳的技术经济效果。例如三峡工程采用分期导流方式，分三期进行施工：第一期土石围堰围护右岸汊河，江水和船舶从主河槽通过；第二期围护主河槽，江水经导流明渠泄向下游；第三期修建碾压混凝土围堰拦断明渠，江水经由泄洪坝段的永久深孔和22个临时导流底孔下泄。这种不同导流时段、不同导流方法的组合，通常就称为导流方案。

导流方案的选择应根据不同的环境、目的和因素等综合确定。合理的导流方案，必须在周密地研究各种影响因素的基础上，拟订几个可能的方案，进行技术经济比较，从中选择技术经济指标优越的方案。

选择导流方案时应考虑以下四个主要因素。

（一）水文条件

水文条件是施工导流方案中的首要考虑因素。全年河流流量的变化情况、每个时期的流量大小和时间长短、水位变化的幅度、冬季的流冰及冰冻情况等，都是影响导流方案的因素。一般来说，对于河床单宽流量大的河流，宜采用分段围堰法导流；对于枯水期较长的河流，可以充分利用枯水期安排工程施工；对于流冰的河流，应充分注意流冰的宣泄问题，以免流冰壅塞、影响泄流进而造成导流建筑物失事。

（二）地质条件

河床的地质条件对导流方案的选择与导流建筑物的布置有直接影响。若河流两岸或一岸岩石坚硬且有足够的抗压强度，则有利于选用隧洞导流。如果岩石的风化层破碎，或有较厚的沉积滩地，则选择明渠导流。河流的窄宽对导流方案的选择也有直接的关系。当河道窄时，其过水断面的面积必然有限，水流流过的速度增大。对于岩石河床，其抗冲刷能力较强。河床允许束窄程度甚至可达到88%，流速增加到7.5 m/s，但对覆盖层较厚的河床，抗冲刷能力较差，其束窄程度不到30%，流速仅允许达到3.0 m/s。此外，选择围堰形式，基坑能否允许淹没，能否利用当地材料修筑围堰，等等，也都与地质条件有关。

（三）水工建筑物的形式及其布置

就水工建筑物的形式及其布置与导流方案相互影响，因此，在决定建筑物的形式和枢纽布置时，应该同时考虑并拟订导流方案；而在选定导流方案时，又应该充分利用建筑物形式和枢纽布置方面的特点。若枢纽组成中有隧洞、涵管、泄水孔等永久泄水建筑物，在选择导流方案时应尽可能利用。在设计永久泄水建筑物的断面尺寸及其布置位置时，也要充分考虑施工导流的要求。

就挡水建筑物的形式来说，土坝、土石混合坝和堆石坝的抗冲能力小，除采取特殊措施外，一般不允许从坝身过水，所以多利用坝身以外的泄水建筑物（如隧洞、明渠等）或坝身范围内的泄水建筑物（如涵管等）来导流，这就要求枯水期将坝身抢筑到拦洪高程以上，以免水流漫顶、发生事故。对于混凝土坝，特别是混凝土重力坝，由于抗冲能力较强，允许流速达到25 m/s，故不但可以通过底孔泄流，而且可以通过未完建的坝身过水，使导流方案选择的灵活性大大增加。

（四）施工期间河流的综合利用

施工期间，为了满足通航、筏运、渔业、供水、灌溉或水电站运转等的要求，使导流问题的解决变得更加简单，在通航河流上大多采用分段围堰法导流。要求河流在束窄以后，河宽仍能便于船只的通行，水深要与船只吃水深度相适应，束窄断面的最大流速不得超过2.0 m/s。

对于浮运木筏或散材的河流，在施工导流期间，要避免木筏或散材壅塞泄水建筑物或者堵塞束窄河床。在施工中后期，水库拦洪蓄水时，要注意满足下游供水、灌溉用水和水电站运行的要求；有时为了保证渔业的要求，还要修建临时的过鱼设施，以便鱼群能洄游。

影响施工导流方案的因素有很多，但水文条件、地形地质条件和坝型是考虑的主要因素。河谷形状系数在一定程度上综合反映地形地质情况，当该系数小时表明：河谷窄深，地质多为岩石。

三、围堰

围堰是施工导流中临时的建筑物，围起建筑施工所需的范围，保证建筑物能在干地施工。在施工导流结束后，如果围堰对永久性建筑的运行有妨碍等，应予以拆除。

（一）围堰的分类

按其所使用的材料，最常见的围堰有土石围堰、混凝土围堰、草土围堰、钢板桩格型围堰等。

按围堰与水流方向的相对位置，围堰可以分为大致与水流方向垂直的横向围堰和大致与水流方向平行的纵向围堰。

按围堰与坝轴线的相对位置，围堰可分为上游围堰和下游围堰。

按导流期间基坑淹没条件，围堰可以分为过水围堰和不过水围堰。过水围堰除需要满足一般围堰的基本要求外，还要满足堰顶过水的专门要求。

按施工分期，围堰可以分为一期围堰和二期围堰等。

在实际工程中，为了能充分反映某一围堰的基本特点，常以组合方式对围堰命名，如一期下游横向土石围堰、二期混凝土纵向围堰等。

（二）围堰的基本形式

1.不过水土石围堰

不过水土石围堰是水利水电工程中应用最广泛的一种围堰形式，其断面与土石坝相仿，通常用土和石渣（或砾石）填筑而成。它能充分利用当地材料或废弃的土石方，构造简单，施工方便，对地形地质条件要求低，可以在动水中、深水中、岩基上或有覆盖层的河床上修建。

2.混凝土围堰

混凝土围堰的抗冲与抗渗能力强，挡水水头高，断面尺寸较小，易于与永久性混凝土建筑物相连接，必要时还可以过水，因此采用比较广泛。在国外，采用拱形混凝土围堰的工程较多。近年，国内贵州省的乌江渡、湖南省的凤滩等水利水电工程也采用过拱形混凝土围堰作为横向围堰，但多数还是以重力式围堰做纵向围堰。例如中国的三门峡、丹江口、三峡工程的混凝土纵向围堰均为重力式混凝土围堰。

（1）拱形混凝土围堰

拱形混凝土围堰由于利用了混凝土抗压强度高的特点，与重力式围堰相比，断面较小，可节省混凝土工程量。一般适用于两岸陡峻、岩石坚实的山区河流，常采用隧洞及允许基坑淹没的导流方案。通常围堰的拱座是在枯水期的水面以上施工的。对围堰的基础处理，当河床的覆盖层较薄时，须进行水下清基；当覆盖层较厚时，则可灌注水泥浆防渗加固。堰身的混凝土浇筑则要进行水下施工，在拱基两侧要回填部分砂砾料以便灌浆，形成阻水帷幕，因此难度较高。

（2）重力式混凝土围堰

采用分段围堰法导流时，重力式混凝土围堰往往可兼作第一期和第二期纵向围堰，两侧均能挡水，还能作为永久性建筑物的一部分，如隔墙、导墙等。纵向围堰须抵御高速水流的冲刷，所以一般均修建在岩基上。为保证混凝土的施工质量，一般可将围堰布置在枯水期出露的岩滩上。如果这样还不能保证干地施工，则通常须另修土石低水围堰加以围护。重力式混凝土围堰现在有普遍采用碾压混凝土浇筑的趋势，比如三峡工程三期上游的横向围堰及纵向围堰均采用碾压混凝土。

重力式围堰可做成普通的实心式，与非溢流重力坝类似，也可做成空心式，如三门峡工程的纵向围堰。

3. 草土围堰

草土围堰是一种草土混合结构，采用多种捆草法修筑，是中国人民长期与洪水做斗争的智慧结晶，至今仍用于黄河流域的水利水电工程中。例如黄河的青铜峡、盐锅峡、八盘峡水电站和汉江的石泉水电站都成功地应用过草土围堰。

草土围堰施工简单，施工速度快，可就地取材，成本低，还具有一定的抗冲、防渗能力，能适应沉陷变形，可用于软弱地基；但草土围堰不能承受较大水流，施工水深及流速也受到限制，草料还易于腐烂，水深不宜超过 6 m，流速不超过 3.5 m/s。草土围堰使用期约为两年。八盘峡工程修建的草土围堰最大高度达 17 m，施工水深达 11 m，最大流速 1.7 m/s，堰高及水深突破了上述范围。

草土围堰适用于岩基或砂砾石基础。如河床大孤石过多，草土体易被架空，形成漏水通道，使用草土围堰时应有相应的防渗措施。细沙或淤泥基础因为容易被冲刷，稳定性差，所以不适宜采用。

草土围堰断面一般为梯形，堰顶宽度为水深的2 ~ 2.5倍；若为岩基，则为1.5倍。

（三）围堰的平面布置

围堰的平面布置是一个很重要的问题。如果围护基坑的范围过大，就会使得围堰工程量大并且增加排水设备容量和排水费用；如果范围过小，又会妨碍主体工程施工，进而影响工期；如果分期导流的围堰外形轮廓不当，还会造成导流不畅，冲刷围堰及其基础，影响主体工程安全施工。

围堰的平面布置主要包括堰内基坑范围确定和围堰轮廓布置两个问题。

堰内基坑范围大小主要取决于主体工程的轮廓及其施工方法。当采用一次拦断的不分期导流时，基坑是由上、下游围堰和河床两岸围成的。当采用分期导流时，基坑是由纵向围堰与上、下游横向围堰围成的。在上述两种情况下，上、下游横向围堰的布置都取决于主体工程的轮廓。通常围堰坡趾与主体工程轮廓的距离为20 ~ 30 m，以便布置排水设施、交通运输道路、堆放材料和模板等。至于基坑开挖边坡的大小，则与地质条件有关。

当纵向围堰不作为永久性建筑物的一部分时，围堰坡趾与主体工程轮廓的距离不小于2.0 m，以便布置排水导流系统和堆放模板。如果无此要求，只须留0.4 ~ 0.6 m。

在实际工程中，基坑形状和大小往往是很不相同的。有时可以利用地形来减小围堰的高度和长度；有时为照顾个别建筑物施工的需要，将围堰轴线布置成折线形；有时为了避开岸边较大的溪沟，也采用折线布置。为了保证基坑开挖和主体建筑物的正常施工，布置基坑范围应当留有富余。

（四）围堰保护措施

1.围堰防冲措施

一次拦断的不分段围堰法的上、下游横向围堰，应与泄水建筑物进出口保持足够的距离。分段围堰法导流，围堰附近的流速流态与围堰的平面布置密切相关。

当河床是由可冲性覆盖层或软弱破碎岩石组成时，必须对围堰坡脚及其附近河床进行防护。工程实践中采取的护脚措施主要有抛石、柴排及钢筋混凝土柔性排三种。

2.围堰的防渗

围堰的渗漏主要有三个部位：堰体与原河床接触面，堰体与岸坡接触面，膜袋与膜袋之间。

围堰防渗的基本要求和一般挡水建筑物无大差异。土石围堰的防渗一般采用斜墙，斜墙按水平铺盖、垂直防渗墙或灌浆帷幕等措施。围堰一般须在水中修筑，因此如何保证斜墙和水平铺盖的水下施工质量是一个关键课题。

土石围堰的斜墙和铺盖一般都在深水中，可用人工手铲抛填的方法施工，施工时注意滑坡、颗粒分离及坡面平整等的控制。抛填后填土密实度均匀，干容重均在安全系数以上，无显著分层沉积现象，土坡稳定。斜墙和水平铺盖的水下施工难度较高，但只要施工方法选择得当，保证质量是没问题的。

3.围堰的接头处理

围堰的接头是就围堰与围堰、围堰与其他建筑物及围堰与岸坡等的连接而言。围堰的接头处理与其他水工建筑物接头处理的要求并无多大区别，所不同仅在于围堰是临时建筑物，使用期不长，因此，接头处理措施可适当简便。例如混凝土纵向围堰与土石横向围堰的接头，一般采用刺墙型式，以增加绕流渗径，防止引起有害的集中渗漏。为降低造价，使施工和拆除方便，在基础部位可用混凝土刺墙，上接双层2.5 cm厚木板，中夹两层沥青油膏及一层油毛毡的木板刺墙。木板刺墙与混凝土纵向围堰的连接处设厚2 mm的白铁片止水。木板刺墙与混凝土刺墙的接触处则用一层油毛毡和两层沥青麻布防渗。

4.围堰基础防渗技术

围堰基础防渗方案很多，如水泥灌浆、水泥化学浆液复合型灌浆、高压喷射灌浆、塑性灌浆、可控性灌浆、混凝土防渗墙等。每种方法都有自身的优点和缺点，通常情况下一种方法的缺点可能正是另外一种方法的优点，具有很强的互补性。对具体项目来说，必须选择合适的防渗方案，以确保围堰防渗质量。下面概述一下高压喷射灌浆技术。

（1）技术原理

高压喷射灌浆主要是通过将喷射管中的高压水、泥浆或者气体喷射出来，在喷射时，喷射管中的物质会将土体进行切分，在强大的压力冲击下形成泥浆，接着从下至上持续地灌注水泥砂浆或纯水泥浆，就可以将泥浆升扬至地面。泥浆会在地面形成一层防渗膜，该层防渗膜不仅具有较高的强度，而且渗透系数非常小，防渗性能极佳，地基承载力也得到了明显提升。高压喷射灌浆技术还有其他防渗技术不具备的特点，即灌浆的可灌性与可控性，主要体现在：其作业时，不会对非喷射位置产生影响，仅在射流作用的范围内进行扩散与充填。而且高压喷射灌浆形成的凝结体不是单一因素作用的结果，是通过以地层因素与工作因素为主导，以压力、风力因素为辅共同作用的结果。

①冲切掺搅作用。高压喷射灌浆技术能够通过较高压力将水、泥浆或气体喷射出来，喷射出来的物质有极强的切割作用，可以快速将土体分割冲切，破坏原本的土体结构，然后使土体碎小颗粒与浆液充分混合。

②升扬置换作用。高压喷射灌浆作业时，压缩空气不仅能够保护切流束，还可以在能量释放的过程中使气泡将土体颗粒携带并升扬至地表。依靠高压喷射灌浆技术，将土体中的部分颗粒置换到地面并使浆液充分填充至土体空隙中，可以明显优化地层组分，提高其地基承载力的同时具备极佳的防渗性能。

③填充挤压作用。在射流束终端部位，能量衰减较多，已经无法达到切割土体的目标，但是却可以对土体产生一定的挤压力，使土体与浆液紧密结合。在喷射结束后，受到静压的影响，灌浆作业不会立刻停滞，仍会对浆液与土体产生挤压力，进一步使土体与浆液结合。

④渗透凝结作用。高压喷射灌浆作业形成的凝结体不仅会在作业区域内起到极佳的防渗作用，还可以向作业区域周边扩散与渗透，形成一层有着一定防渗性能的渗透凝结层。一般来说，这层渗透凝结层的厚度与作业区域地层渗透性和级配有着直接的联系。因此，高压喷射作业之前需要对作业区域地层条件进行细致的考察。

（2）施工工艺流程与主要参数

高压喷射灌浆施工工艺主要分为六个主要流程。第一个流程为定孔，即确定钻机钻孔位置。定孔需要严格按照设计图纸进行并且还需要经过多次复核后方可确定。第二个流程为钻孔，即采用钻孔机在定孔处进行钻孔作业。钻孔作业之前需要对作业区域地层、地质条件进行充分的研究并做好整理与归纳工作，采用合适的钻头作业。第三个流程为下喷射桩，即将注浆管插入地层，保证插入深度符合设计要求。为了避免出现泥沙将喷嘴堵塞的情况，可以在插管的同时喷水，控制喷水压力在1 MPa以内即可。第四个流程为制浆，即喷水将土体切分并与小颗粒土体充分混合形成泥浆。第五个流程为喷射，当喷嘴抵达设计要求深度后，从下至上进行喷射作业。这一流程中的关键在于浆液初凝时间、风量、压力、注浆流量、提升速度的控制。第六个流程为旋转、提升与定向，按照设计要求进行即可。

高压喷射灌浆的施工参数是整个施工作业的核心部分，一般需要根据地层情况与单桩试验结果方可确定。

四、施工导流的方法

施工导流的方法大体上分为两类：一类是全段围堰法导流（河床外导流），另一类是分段围堰法导流（河床内导流）。

（一）全段围堰法导流

全段围堰法导流是在河床主体工程的上、下游各建一道拦河围堰，使上游来水通过预先修筑的临时或永久泄水建筑物（如明渠、隧洞等）泄向下游，主体建筑物在排干的基坑中进行施工，主体工程建成或接近建成时再封堵临时泄水道。这种方法的优点是工作面大，河床内的建筑物在一次性围堰的围护下建造。若能利用水利枢纽中的永久泄水建筑物导流，可大大节约工程投资。

全段围堰法按泄水建筑物的类型不同可分为明渠导流、隧洞导流、涵管导流等。

1.明渠导流

为保证主体建筑物干地施工，在地面上挖出明渠使河道安全地泄向下游的导流方式称为明渠导流。

当导流量大，地质条件不适于开挖导流隧洞，河床一侧有较宽的台地或古河道，或者施工期需要通航过木或排冰时，可以考虑采用明渠导流。

国内外工程实践证明，在导流方案比较中，当明渠导流和隧洞导流均可采用时，一般倾向于明渠导流，这是因为明渠开挖可采用大型设备，加快施工进度，对主体工程提前开工有利。

（1）导流明渠布置

导流明渠布置分岸坡上和滩地上两种布置形式。

①导流明渠轴线的布置。导流明渠应布置在较宽台地、垭口或古河道一岸；渠身轴线要伸出上、下游围堰外坡脚，水平距离要满足防冲要求，为50～100 m；明渠进出口应与上、下游水流相衔接，与河道主流的交角以30°为宜；为保证水流畅通，明渠转弯半径应大于5倍渠底宽；明渠轴线布置应尽可能缩短明渠长度和避免深挖方。

②明渠进出口位置和高程的确定。明渠进出口力求不冲、不淤和不产生回流，可通过水力学模型试验调整进出口形状和位置，以达到这一目的；进口高程按截流设计选择，出口高程一般由下游消能控制；进出口高程和渠道水流流态应满足施工期通航、过木和排冰要求。在满足上述条件下，尽可能抬高进出口高程，以减少水下开挖量。

（2）明渠封堵

导流明渠结构布置应考虑后期封堵要求。当施工期有通航、过木和排冰任务，明渠较宽时，可在明渠内预设闸门墩，以利于后期封堵。当施工期无通航、过木和排冰任务时，应于明渠通水前，将明渠坝段施工到适当高程，并设置导流底孔和坝面口使二者联合泄流。

2.隧洞导流

为保证主体建筑物干地施工，采用导流隧洞的方式宣泄天然河道水流的导流方式称为隧洞导流。

当河道两岸或一岸地形陡峻、地质条件良好、导流流量不大、坝址河床狭窄时，可考虑采用隧洞导流。

（1）导流隧洞的布置

导流隧洞的布置一般应满足以下三个条件。

①隧洞轴线沿线地质条件良好，足以保证隧洞施工和运行的安全。隧洞轴线宜按直线布置，当有转弯时，转弯半径不小于5倍洞径（或洞宽），转角不宜大于60°，弯道首尾应设直线段，长度为3～5倍的洞径（或洞宽）；进出口引渠轴线与河流主流方向夹角宜小于30°。

②隧洞间净距、隧洞与永久建筑物间距、洞脸与洞顶围岩厚度均应满足结构和应力要求。

③隧洞进出口位置应保证水力学条件良好，并伸出堰外坡脚一定距离，距离应大于50 m，以满足围堰防冲要求。进口高程多由截流控制，出口高程由下游

消能控制，洞底按需要设计成缓坡或急坡，避免成反坡。

（2）隧洞封堵

导流隧洞设计应考虑后期封堵要求，布置封堵闸门门槽及启闭平台设施。有条件者，导流隧洞应与永久隧洞结合，以利于节省投资（如小浪底工程的三条导流隧洞，后期将改建为三条孔板消能泄洪洞）。一般高水头枢纽，导流隧洞只可能与永久隧洞部分相结合，中、低水头则有可能全部相结合。

3.涵管导流

涵管通常布置在河岸岩滩上，其位置在枯水位以上，这样可在枯水期不修围堰或只修一段围堰而先将涵管筑好，然后修上、下游全段围堰，将河水引经涵管下泄。

涵管一般是钢筋混凝土结构。当有永久涵管可以利用或修建隧洞有困难时，采用涵管导流是合理的。在某些情况下，可在建筑物基岩中开挖沟槽，必要时予以衬砌，然后封上混凝土或钢筋混凝土顶盖，形成涵管。利用这种涵管导流往往可以获得经济可靠的效果。由于涵管的泄水能力较低，所以一般用于导流流量较小的河流上或只用来担负枯水期的导流任务。

为了防止涵管外壁与坝身防渗体之间的渗流，通常在涵管外壁每隔一定距离设置截流环，以延长渗径，降低渗透坡降，减少渗流的破坏作用。此外，必须严格控制涵管外壁防渗体的压实质量。涵管管身的温度缝或沉陷缝中的止水必须认真施工。

（二）分段围堰法导流

分段围堰法也称分期围堰法，是用围堰将建筑物分段分期围护起来进行施工的方法。

分段就是从空间上将河床围护成若干个干地施工的基坑段进行施工。分期就是从时间上将导流过程划分成阶段。导流的分期数和围堰的分段数并不一定相同，因为在同一导流分期中，建筑物可以在一段围堰内施工，也可以同时在不同段围堰内施工。但是段数分得越多，围堰工程量就越大，施工也越复杂；同样，期数分得越多，工期有可能拖得越长。在通常情况下采用两段两期导流法。

分段围堰法导流一般适用于河床宽阔、流量大、施工期较长的工程，尤其在通航河流和冰凌严重的河流上。这种导流方法的费用较低，国内外一些大、中型水利水电工程采用较广。分段围堰法导流，前期由束窄的原河道导流，后期可利用事先修建好的泄水道导流，常见泄水道的类型有底孔、坝体缺口等。

1.底孔导流

利用设置在混凝土坝体中的永久底孔或临时底孔作为泄水道，是二期导流经常采用的方法。导流时让全部或部分导流流量通过底孔宣泄到下游，保证后期工程的施工。临时底孔在工程接近完工或需要蓄水时要加以封堵。

采用临时底孔时，底孔的尺寸、数目和布置要通过相应的水力学计算确定，其中底孔的尺寸在很大程度上取决于导流的任务（过水、过船、过木和过鱼）及水工建筑物结构特点和封堵用闸门设备的类型。底孔的布置要满足截流、围堰工程及本身封堵的要求。若底坎高程布置较高，截流时落差就大，围堰也就越高。但封堵时的水头较低，封堵容易。一般底孔的底坎高程应布置在枯水位之下，以保证枯水期泄水。当底孔数目较多时，可把底孔布置在不同的高程，封堵时从最低高程的底孔堵起，这样可以减小封堵时所承受的水压力。

底孔导流的优点是挡水建筑物上部的施工可以不受水流的干扰，有利于均衡连续施工，这对修建高坝特别有利。若坝体内设有永久底孔可以用来导流时，更为理想。底孔导流的缺点有：由于坝体内设置了临时底孔，使钢材用量增加；如果封堵质量不好，会削弱坝体的整体性，有可能漏水；在导流过程中，底孔有被漂浮物堵塞的危险；封堵时由于水头较高，安放闸门及止水等均较困难。

2.坝体缺口导流

在混凝土坝施工过程中，当汛期河水暴涨暴落，其他导流建筑物不足以宣泄全部流量时，为了不影响坝体施工进度，使坝体在涨水时仍能继续施工，可以在未建成的坝体上预留缺口，以便配合其他建筑物宣泄洪峰流量。待洪峰过后，上游水位回落，再继续修筑缺口。所留缺口的宽度和高度取决于导流设计流量、其他建筑物的泄水能力、建筑物的结构特点和施工条件。当采用底坎高程不同的缺口时，为避免高、低缺口单宽流量相差过大，产生高缺口向低缺口的侧向泄流，引起压力分布不均匀，需要适当控制高、低缺口间的高差。根据湖南省柘溪工程的经验，其高差以 4 ~ 6 m 为宜。

在修建混凝土坝，特别是大体积混凝土坝时，由于这种导流方法比较简单，常被采用。

底孔导流和坝体缺口导流一般只适用于混凝土坝，特别是重力式混凝土坝枢纽。至于土石坝或非重力式混凝土坝枢纽，采用分段围堰法导流，常与隧洞导流、明渠导流等河床外导流方式相结合。

第二节 导截流工程截流施工

一、截流方法

当泄水建筑物完成时，抓住有利时机，迅速实现围堰合龙，迫使水流经泄水建筑物下泄，称为截流。

截流工程是指在泄水建筑物接近完工时，即以进占方式自两岸或一岸建筑戗堤（作为围堰的一部分）形成龙口，并将龙口防护起来，待其他泄水建筑物完工以后，在有利时机，全力以赴以最短时间将龙口堵住，截断河流。接着在围堰迎水面投抛防渗材料闭气，水全部经泄水道下泄。在闭气的同时，为使围堰能挡住当时可能出现的洪水，必须立即加高培厚围堰，使之迅速达到相应设计水位的高程以上。

截流工程是整个水利枢纽施工的关键，它的成败直接影响工程进度。如果失败了，就可能使进度推迟一年。截流工程的难易程度取决于河道流量、泄水条件，龙口的落差、流速、地形地质条件，材料供应情况及施工方法、施工设备等因素。因此事先必须经过充分的分析研究，采取适当措施，才能保证在截流施工中争取主动，顺利完成截流任务。

河道截流工程在中国已有千年以上的历史。在黄河防汛、海塘工程和灌溉工程上积累了丰富的经验，如利用捆厢帚、柴石枕、柴土枕、排桩填帚截流，不仅施工方便速度快，而且就地取材，因地制宜，经济实用。20世纪40年代后，中国水利建设发展很快，江淮平原和黄河流域的不少截流堵口、导流堰工程多是采用这些传统方法完成的。此外，还广泛采用了高度机械化投块料截流的方法。

选择截流方式应充分分析水力学参数、施工条件和难度、抛投物数量和性质，并进行技术经济比较。截流方法包括以下四种。

单戗立堵截流。简单易行，辅助设备少，较经济，与截流落差不超过3.5 m，但龙口水流能量相对较大，流速较高，须制备较多的重大抛投物料。

双戗和多戗立堵截流。可分担总落差，改善截流难度，截流落差大于3.5 m。

建造浮桥或栈桥平堵截流。水力学条件相对较好，但造价高，技术复杂，一般不常选用。

定向爆破截流、建闸截流等。只有在条件特殊、充分论证后方宜选用。

二、投抛块料截流

投抛块料截流是目前国内外最常用的截流方法，适用于各种情况，特别适用于大流量、大落差的河道上的截流。该方法是在龙口投抛石块或人工块体（混凝土方块、混凝土四面体、铅丝笼、柳石枕、串石等）堵截水流，迫使河水经导流建筑物下泄。采用投抛块料截流，按不同的投抛合龙方法，截流可分为立堵、平堵、混合堵三种方法。

（一）立堵法

首先，在河床的一侧或两侧向河床中填筑截流戗堤，逐步缩窄河床，即进占；当河床束窄到一定的过水断面时即行停止，这个断面称为龙口，对河床及龙口戗堤端部进行防冲加固（护底及裹头）。其次，掌握时机封堵龙口，使戗堤合龙。最后，为了解决戗堤的漏水，必须及时在戗堤迎水面设置防渗设施（闭气）。

（二）平堵法

平堵法截流是沿整个龙口宽度全线抛投，抛投料堆筑体全面上升，直至露出水面。为此，合龙前必须在龙口架设浮桥。由于它是沿龙口全宽均匀平层抛投，所以其单宽流量较小，出现的流速也较小，需要的单个抛投材料重量也较轻，抛投强度较大，施工速度较快，但有碍通航。

（三）混合堵

混合堵是指立堵结合平堵的方法。在截流设计时，可根据具体情况采用立堵与平堵相结合的截流方法，如先用立堵法进占，然后在龙口小范围内用平堵法截流；或先用船抛土石材料平堵法进占，再用立堵法截流。用得比较多的是首先从龙口两端下料保护戗堤头部，同时进行护底工程并抬高龙口底槛高程到一定高度，最后用立堵截断河流。平堵可以采用船抛，然后用汽车立堵截流。

三、爆破截流

（一）定向爆破截流

如果坝址处于峡谷地区，而且岩石坚硬，交通不便，岸坡陡峻，缺乏运输设备时，可利用定向爆破截流。中国某个水电站的截流就利用左岸陡峻岸坡设计设置了三个药包，一次定向爆破成功，堆筑方量6800 m^3，堆积高度为平均10 m，封堵了预留的20 m宽龙口，有效抛掷率为68%。

（二）预制混凝土爆破体截流

为了在合龙关键时刻瞬间抛入龙口大量材料封闭龙口，除了用定向爆破岩石外，还可在河床上预先浇筑巨大的混凝土块体，合龙时将其支撑体用爆破法炸断，使块体落入水中，将龙口封闭。

采用爆破截流，虽然可以利用瞬时的巨大抛投强度截断水流，但因瞬间抛投强度很大，材料入水时会产生很大的挤压波，巨大的波浪可能使已修好的戗堤遭到破坏，并会造成下游河道瞬间断流。此外，定向爆破岩石时，还须校核个别飞石距离，以及空气冲击波和地震的安全影响距离。

四、下闸截流

人工泄水道的截流，通常在泄水道中预先修建闸墩，最后采用下闸截流。在天然河道中，有条件时也可设截流闸，最后采用下闸截流，三门峡鬼门河泄流道就曾采用这种方式，下闸时最大落差达7.08 m，历时30余小时；神门岛泄水道也曾考虑采用下闸截流，但闸墩在汛期被冲倒，后来改为管柱拦石栅截流。

除以上方法外，还有一些特殊的截流合龙方法，如木笼、钢板桩、草土、水力冲填法截流等。

综上所述，截流方式虽多，但通常多采用立堵、平堵或混合堵截流方式。截流设计中，应充分考虑影响截流方式选择的条件，拟定几种可行的截流方式，通过对水文气象条件、地形地质条件、综合利用条件、设备供应条件、经济指标等进行全面分析，经技术比较选定最优方案。

五、截流时间和设计流量的确定

（一）截流时间的选择

截流时间应根据枢纽工程施工控制性进度计划或总进度计划决定，至于时段选择，一般应考虑以下原则，经过全面分析比较而定。

①尽可能在较小流量时截流，但必须全面考虑河道水文特性和截流应完成的各项控制工程量，合理使用枯水期。②对于具有通航、灌溉、供水、过木等特殊要求的河道，应全面兼顾这些要求，尽量使截流对河道综合利用的影响最小。③有冰冻的河流，一般不在流冰期截流，避免截流和闭气工作复杂化，如有特殊情况必须在流冰期截流时应有充分论证，并有周密的安全措施。

（二）截流设计流量的确定

一般设计流量按频率法确定，根据已选定的截流时段，采用该时段内一定频率的流量作为设计流量。当水文资料系列较长，河道水文特性稳定时，可应用这种方法。至于预报法，因当前的可靠预报期较短，一般不能在初步设计中应用，但在截流前夕有可能根据预报流量适当修改设计。在大型工程截流设计中，通常以选取一个流量为主，再考虑较大、较小流量出现的可能性，用几个流量进行截流计算和模型试验研究。对于有深槽和浅滩的河道，如分流建筑物布置在浅滩上，对截流的不利条件，要特别进行研究。

六、截流戗堤轴线和龙口位置的选择方法

（一）戗堤轴线位置选择

通常截流戗堤是土石横向围堰的一部分，应结合围堰结构和围堰布置统一考虑。单戗截流的戗堤可布置在上游围堰或下游围堰中非防渗体的位置。如果戗堤靠近防渗体，在二者之间应留足闭气料或过渡带的厚度，同时应防止合龙时的流失料进入防渗体部位，避免在防渗体底部形成集中漏水通道。为了在合龙后能迅速闭气并进行基坑抽水，一般情况下将单戗堤布置在上游围堰内。

当采用双戗或多戗截流时，戗堤间距满足一定要求，才能发挥每条戗堤分担落差的作用。如果围堰底宽不太大，上、下游围堰间距也不太大时，可将两条戗堤

分别布置在上、下游围堰内，大多数双戗截流工程都是这样做的。如果围堰底宽很大，上、下游间距也很大，可考虑将双戗布置在一个围堰内。当采用多戗时，一个围堰内通常也须布置两条戗堤，此时，两戗堤之间均应有适当间距。

在采用土石围堰的一般情况下，均将截戗堤布置在围堰范围内。但是也有戗堤不与围堰相结合的，戗堤轴线位置选择应与龙口位置相一致。如果围堰所在处的地质、地形条件不利于布置戗堤和龙口，而戗堤工程量又很小，则可能将截流戗堤布置在围堰以外。龚嘴工程的截流戗堤就布置在上、下游围堰之间，而不与围堰相结合。由于这种戗堤多数均须拆除，因此，采用这种布置时应有专门论证。选择平堵截流戗堤轴线的位置时，应考虑便于抛石桥的架设。

（二）龙口位置选择

选择龙口位置时，应着重考虑地质、地形条件及水力条件。从地质条件来看，龙口应尽量选在河床抗冲刷能力强的地方，如岩基裸露或覆盖层较薄处，这样可避免合龙过程中的过大冲刷，防止戗堤突然塌方失事。从地形条件来看，龙口河底不宜有顺流流向陡坡和深坑。如果龙口能选在底部基岩面粗糙、参差不齐的地方，则有利于抛投料的稳定。另外，龙口周围应有比较宽阔的场地，与料场和特殊截流材料堆场的距离近，便于布置交通道路和组织高强度施工，这一点也是十分重要的。从水力条件来看，对于有通航要求的河流，预留龙口一般均布置在深槽主航道处，有利于合龙前的通航，至于对龙口的上、下源水流条件的要求，以往的工程设计中有两种不同的见解：一种认为龙口应布置在浅滩，并尽量造成水流进出龙口的折冲和碰撞，以增大附加壅水作用；另一种认为进出龙口的水流应平直顺畅，因此可将龙口设在深槽中。实际上，这两种布置各有利弊，前者进口处的强烈侧向水流对戗堤端部抛投料的稳定不利，由龙口下泄的折冲水流易对下游河床和河岸造成冲刷。后者的主要问题是合龙段戗堤高度大，进占速度慢，而且深槽中水流集中，不易创造较好的分流条件。

（三）龙口宽度

一方面，龙口宽度主要根据水力计算而定，对于通航河流，决定龙口宽度时应着重考虑通航要求；对于无通航要求的河流，主要考虑戗堤预进占所使用的材料及合龙工程量的大小。形成预留龙口前，通常使用一般石碴进占，根据其抗冲流速可计算出相应的龙口宽度。另一方面，合龙是高强度施工，一般合龙时间不宜过长，工程量不宜过大。当此要求与预进占材料允许的束窄度有矛盾时，也可考虑提前使用部分大石块，或者尽量提前分流。

（四）龙口护底

对于非岩基河床，当覆盖层较深，抗冲能力小，截流过程中为防止覆盖层被冲刷，一般在整个龙口部位或困难区段进行平抛护底，防止截流料物流失量过大。对于岩基河床，有时为了减轻截流难度，增大河床粗糙率，也抛投一些料物护底并形成拦石坎。计算最大块体时应按护底条件选择稳定系数。

以葛洲坝工程为例，预先对龙口进行护底，保护河床覆盖层免受冲刷，减少合龙工程量。护底的作用还可增大粗糙率，改善抛投的稳定条件，减少龙口水深。根据水工模型试验，经护底后，25 t混凝土四面体有97%稳定在戗堤轴线上游，如不护底，混凝土四面体则仅有62%稳定。此外，通过护底还可以增加戗堤端部下游坡脚的稳定，以防止塌坡等事故的发生。对护底的结构形式，曾比较了块石护底、块石与混凝土块组合护底及混凝土块拦石坎护底三个方案。块石护底主要用粒径0.4 ~ 1.0 m的块石，模型试验表明，此方案护底下面的覆盖层有掏刷，护底结构本身也不稳定；块石与混凝土块组合护底是由0.4 ~ 0.7 m的块石和15 t混凝土四面体组成，这种组合结构是稳定的，但水下抛投工程量大；混凝土块拦石坎护底是在龙口困难区段一定范围内预抛大型块体形成潜坝，从而起到拦阻截流抛投料物流失的作用。混凝土块拦石坎护底工程量较小而效果显著，影响航运较少，且施工简单，经比较选用钢架石笼与混凝土预制块石的拦石坎护底。在龙口120 m困难段范围内，以17 t混凝土五面体在龙口上侧形成拦石坎，然后用石笼抛投下游侧形成压脚坎，用以保护拦石坎。龙口护底长度视截流方式而定，对平堵截流，一般经验认为紊流段均须防护，护底长度可取相应于最大流速时最大水深的3倍。

对于立堵截流护底长度主要视水跃特性而定。根据经验，在水深20 m以内戗堤线以下护底长度可取最大水深的3 ~ 4倍，轴线以上可取2倍，即总护底长度可取最大水深的5 ~ 6倍。葛洲坝工程上、下游护底长度各为25 m，相当于2.5倍的最大水深，即总长度相当于5倍的最大水深。

龙口护底是一种保护覆盖层免受冲刷，降低截流难度，提高抛投料稳定性及防止戗堤头部坍塌的行之有效的措施。

第三节 导截流工程施工降排水

修建水利水电工程时，在围堰合龙闭气以后，就要排除基坑内的积水与渗水，以保持基坑处于基本干燥状态，以利于基坑开挖、地基处理及建筑物的正常施工。

基坑排水工作按排水时间及性质，一般可分为两种。

第一，基坑开挖前的初期排水，包括基坑积水、基坑积水排除过程中的围堰堰体与基础渗水、堰体及基坑覆盖层的含水率及可能出现的降水的排除。

第二，基坑开挖及建筑物施工过程中的经常性排水，包括围堰和基坑渗水、降水及施工弃水量的排除。如按排水方法分，有明式排水和人工降低地下水位两种。

一、明式排水

（一）排水量的确定

1.初期排水的排水量估算

初期排水主要包括基坑积水、围堰与基坑渗水两部分。对于降雨，多因为初期排水是在围堰或截流合龙闭气后立即进行的，通常是在枯水期内，而枯水期降雨很少，所以一般可不予考虑。除积水和渗水外，有时还须考虑填方和基础中的饱和水。

基坑积水体积可按基坑积水面积和积水深度计算，这是比较容易的。但是排水时间的确定就比较复杂，排水时间主要受基坑水位下降速度的限制，基坑水位的允许下降速度视围堰种类、地基特性和基坑内水深而定。水位下降太快，则围堰或基坑边坡中动水压力变化过大，容易引起坍坡；水位下降太慢，则影响基坑开挖时间。一般认为，土石围堰的基坑水位下降速度应限制在0.5 ~ 0.7 m/d，木笼及板桩围堰等应为1.0 ~ 1.5 m/d。初期排水时间，大型基坑可采用5 ~ 7 d，中型基坑为3 ~ 5 d。

通常，当填方和覆盖层体积不太大时，在初期排水且基础覆盖层尚未开挖时，可不必计算饱和水的排除。如须计算，可按基坑内覆盖层总体积和孔隙率估算饱和水总水量。

按以上方法估算初期排水流量，选择抽水设备，往往很难符合实际。在初期排水过程中，可以通过试抽法进行校核和调整，并为经常性排水计算积累一些必要资料。试抽时如果水位下降很快，则显然是所选择的排水设备容量过大，而此时应关闭一部分排水设备，使水位下降速度符合设计规定。试抽时若水位不变，则显然是设备容量过小或有较大渗漏通道存在。此时应增加排水设备容量或找出渗漏通道予以堵塞，然后进行抽水。还有一种情况是水位降至一定深度后就不再下降，这说明此时排水流量与渗流量相等，据此可估算出须增加的设备容量。

2.经常性排水的排水量确定

经常性排水的排水量主要包括围堰和基坑的渗水、降雨、地基岩石冲洗及混凝土养护用废水等。设计中一般考虑两种不同的组合，从中择其大者，以选择排水设备：一种组合是渗水加降雨，另一种组合是渗水加施工废水。降雨和施工废水不必组合在一起，因为二者不会同时出现。如果全部叠加在一起，显然太保守。

①降雨量的确定。在基坑排水设计中，对降雨量的确定尚无统一的标准。大型工程可采用20年一遇3日降雨中最大的连续降雨量，再减去估计的径流损失值（每小时1 mm），作为降雨强度。也有的工程采用日最大降雨强度。基坑内的降雨量可根据上述计算降雨强度和基坑集雨面积求得。

②施工废水。施工废水主要考虑混凝土养护用水，用水量估算应根据气温条件和混凝土养护的要求而定。一般初估时可按每立方米混凝土每次用水5 L每天养护8次计算。

③渗透流量计算。通常，基坑渗透总量包括围堰渗透量和基础渗透量两部分。关于渗透量的详细计算方法，在水力学、水文地质和水工结构等论著中均有介绍，这里不再详述。

（二）基坑排水布置

基坑排水系统的布置通常应考虑两种不同情况：一种是基坑开挖过程中的排水系统布置，另一种是基坑开挖完成后修建建筑物时的排水系统布置。布置时，应尽量同时兼顾这两种情况，并且使排水系统尽可能不影响施工。

基坑开挖过程中的排水系统布置，应以不妨碍开挖和运输工作为原则。一般将排水干沟布置在基坑中部，以利两侧出土。而随着基坑开挖工作的进展，逐渐加深排水干沟和支沟。通常保持干沟深度为 1 ~ 1.5 m，支沟深度为 0.3 ~ 0.5 m。集水井多布置在建筑物轮廓线外侧，井底应低于干沟沟底。但是，由于基坑坑底高程不一，有的工程就采用层层设截流沟、分级抽水的办法，即在不同高程上分别布置截水沟、集水井和水泵站，进行分级抽水。

建筑物施工时的排水系统通常都布置在基坑四周。排水沟应布置在建筑物轮廓线外侧，且距离基坑边坡坡脚 0.3 ~ 0.5 m。排水沟的断面尺寸和底坡大小取决于排水量的大小。排水沟底宽不小于 0.3 m，沟深不大于 1.0 m，底坡不小于 2%。密实土层中，排水沟可以不用支撑，但在松土层中，则须用木板或麻袋装石来加固。

水经排水沟流入集水井后，利用在井边设置的水泵站，将水从集水井中抽出。集水井布置在建筑物轮廓线以外较低的地方，它与建筑物外缘的距离必须大于井的深度。井的容积要能保证水泵停止抽水 10 ~ 15 min 后，井水不致漫溢。集水井可为长方形，边长 1.5 ~ 2.0 m，井底高程应低于排水沟底 1.0 ~ 2.0 m。在土中挖井，其底面应铺填反滤料。在密实土中，井壁用框架支撑在松软土中，利用板桩加固。如板桩接缝漏水，尚须在井壁外设置反滤层。集水井不仅可用来集聚排水沟的水量，而且应有澄清水的作用，因为水泵的使用年限与水中含沙量的多少有关。为保护水泵，集水井宜稍微偏大、偏深一些。

为防止降雨时地面径流进入基坑而增加抽水量，其通常在基坑外缘边坡上挖截水沟，以拦截地面水。截水沟的断面及底坡应根据流量和土质而定，一般沟宽和沟深不小于 0.5 m，底坡不小于 2%，基坑外地面排水系统最好与道路排水系统相结合，以便自流排水。为了降低排水费用，当基坑渗水水质符合饮用水或其他施工用水要求时，可将基坑排水与生活、施工供水结合起来。丹江口工程的基坑排水就直接引入供水池，供水池上设有溢流闸门，多余的水则溢入江中。

二、人工降低地下水位

经常性排水过程中，为了保持基坑开挖工作始终在干地进行，常常要多次降低排水沟和集水井的高程，变换水泵站的位置，这会影响开挖工作的正常进行。

此外，在开挖细砂土、沙壤土一类地基时，随着基坑底面的下降，坑底和地下水位的高差越来越大，在地下水渗透压力作用下，容易发生边坡脱滑、坑底隆起等事故，甚至危及邻近建筑物的安全，给开挖工作带来不良影响。

采用人工降低地下水位，可以改变基坑内的施工条件，防止流沙现象的发生，基坑边坡可以陡些，从而可以大大减少挖方量。人工降低地下水位的基本做法是：在基坑周围钻设一些井，地下水渗入井中后，随即被抽走，使地下水位线降到开挖的基坑底面以下，应使地下水位降到基坑底部0.5～1.0 m处。

（一）管井法降低地下水位

管井法降低地下水位时，在基坑周围布置一系列管井，管井中放入水泵的吸水管，地下水在重力作用下流入井中，被水泵抽走。管井法降低地下水位时，须先设置管井，管井通常采用下沉钢井管，在缺乏钢管时也可用木管或预制混凝土管代替。

井管的下部安装滤水管节（滤头），有时在井管外还须设置反滤层，地下水从滤水管进入井内，水中的泥沙则沉淀在沉淀管中。滤水管是井管的重要组成部分，其构造对井的出水量和可靠性影响很大。要求它过水能力大，进入的泥沙少，有足够的强度和耐久性。

井管埋设可采用射水法、振动射水法及钻孔法下沉。射水下沉时，先用高压水冲土下沉套管，较深时可配合振动或锤击（振动水冲法），然后在套管中插入井管，最后在套管与井管的间隙填反滤层并拔套管，反滤层每填高一次便拔一次套管，逐层上拔，直至完成。

管井中抽水可应用各种抽水设备，但主要的是普通离心式水泵、潜水泵和深井水泵，分别可降低水位3～6 m、6～20 m和20 m以上，一般采用潜水泵较多。用普通离心式水泵抽水，由于吸水高度的限制，在要求降低地下水位较深时，要分层设置管井，分层进行抽水。

在要求大幅度降低地下水位的深井中抽水时，最好采用专用的离心式深井水泵。每个深井水泵都是独立工作，井的间距也可以加大。深井水泵一般深度大于20 m，排水效率高，需要井数少。

（二）井点法降低地下水位

井点法与管井法不同，它把井管和水泵的吸水管合二为一，简化井的构造。井点法降低地下水位的设备，根据其降深能力分轻型井点（浅井点）和深井点等。其中最常用的是轻型井点，是由井管、集水总管、普通离心式水泵、真空泵和集水箱等设备所组成的排水系统。

轻型井点系统的井点管为直径38 ~ 50 mm的无缝钢管，间距为0.6 ~ 1.8 m，最大可达3.0 m。地下水从井管下端的滤水管借真空泵和水泵的抽吸作用流入管内，沿井管上升汇入集水总管，流入集水箱，由水泵排出。轻型井点系统开始工作时，先开动真空泵，排除系统内的空气，待集水箱内的水面上升到一定高度后，再启动水泵排水。水泵开始抽水后，为了保持系统内的真空度，仍需真空泵配合水泵工作。这种井点系统也叫真空井点。井点系统排水时，地下水位的下降深度取决于集水箱内的真空度与管路的漏气情况和水头损失。一般集水箱内真空度为80 kPa（400 ~ 600 mmHg），相当的吸水高度为5 ~ 8 m，扣除各种损失后，地下水位下降深度为4 ~ 5 m。

当要求地下水位降低的深度4 ~ 5 m时，可以像管井一样分层布置井点，每层控制范围3 ~ 4 m，但以不超过3层为宜。分层太多，基坑范围内管路纵横，妨碍交通，影响施工，同时增加挖方量。而且当上层井点发生故障时，下层水泵能力有限，地下水位回升，基坑有被淹没的可能。

真空井点抽水时，在滤水管周围形成了一定的真空梯度，加快了土的排水速度，因此，即使在渗透系数小的土层中也能进行工作。

布置井点系统时，为了充分发挥设备能力，集水总管、集水管和水泵应尽量接近天然地下水位。当需要几套设备同时工作时，各套总管之间最好接通，并安装开关，以便相互支援。

井管的安设，一般用射水法下沉。距孔口1.0 m范围内，应用黏土封口，以防漏气。排水工作完成后，可利用杠杆将井管拔出。

深井点与轻型井点不同，它的每一根井管上都装有扬水器（水力扬水器或压气扬水器），因此，它不受吸水高度的限制，有较大的降深能力。

深井点有喷射井点和压气扬水井点两种。喷射井点由集水池、高压水泵、输水干管和喷射井管等组成。通常一台高压水泵能为30 ~ 35个井点服务，其最适宜的降水位范围为5～18 m。喷射井点的排水效率不高，一般用于渗透系数为3～50 m/d、渗流量不大的场合。压气扬水井点是用压气扬水器进行排水。排水时压缩空气由输气管送来，由喷气装置进入扬水管，于是，管内容重较轻的水气混合液，在管外水压力的作用下，沿水管上升到地面排走。为达到一定的扬水高度，就必须将扬水管沉入井中有足够的潜没深度，使扬水管内外有足够的压力差。压气扬水井点降低地下水位最大可达40 m。

第四节　导流验收与围堰拆除

一、导流验收

根据《水利水电建设工程验收规程》，枢纽工程在导（截）流前，应由项目法人提出验收申请，竣工验收主持单位或其委托单位主持并对其进行阶段验收。

阶段验收委员会由验收主持单位、质量和安全监督机构、工程项目所在地水利（务）机构、运行管理单位的代表，以及有关专家组成，可邀请地方人民政府及有关部门参加。

大型工程在阶段验收前，验收主持单位根据工程建设需要，成立专家组，先进行技术预验收。如工程实施分期导（截）流时，可分期进行导（截）流验收。

（一）验收条件

导流工程已基本完成，具备过流条件，投入使用（包括采取措施后）后不影响其他未完工程继续施工；满足截流要求的水下隐蔽工程已完成；截流设计已获批准，截流方案已编制完成，并做好各项准备工作；工程度汛方案已经有管辖权的防汛指挥部门批准，相关措施已落实；截流后壅高水位以下的移民搬迁安置和库底清理已完成；有航运功能的河道，碍航问题已得到解决。

（二）验收内容

检查已完成的水下工程、隐蔽工程、导（截）流工程是否满足导（截）流要求；检查建设征地、移民搬迁安置和库底清理完成情况；审查导（截）流方案，检查导（截）流措施和准备工作落实情况；检查为解决碍航等问题而采取的工程措施落实情况；鉴定与截流有关已完工程施工质量；对验收中发现的问题提出处理意见；讨论并通过阶段验收鉴定书。

（三）验收程序

第一，现场检查工程建设情况及查阅有关资料。第二，召开大会：宣布验收委员会组成人员名单；检查已完工程的形象面貌和工程质量；检查在建工程的建设情况；检查后续工程的计划安排和主要技术措施落实情况，以及是否具备施工条件；检查拟投入使用工程是否具备运行条件；检查历次验收遗留问题的处理情况；检查已完工程施工质量；对验收中发现的问题提出处理意见；讨论并通过阶段验收鉴定书；验收委员会委员和被验收单位代表在验收鉴定书上签字。

（四）验收鉴定书

导（截）流验收的成果文件是主体工程投入使用验收鉴定书，它是主体工程投入使用运行的依据，也是施工单位向项目法人交接、项目法人向运行管理单位移交的依据。

自验收鉴定书通过之日起30个工作日内，由验收主持单位发送各参验单位。

二、围堰拆除

围堰是临时建筑物，导流任务完成后，应按设计要求拆除，以免影响永久建筑物的施工及运转。如在采用分段围堰法导流时，第一期横向围堰的拆除，如果不合要求，势必会增加上、下游水位差，从而增加截流工作的难度，增大截流料物的质量及数量。

土石围堰相对来说断面较大，拆除工作一般是在运行期限的最后一个汛期过后，随上游水位的下降，逐层拆除围堰的背水坡及水上部分。

钢板桩格型围堰的拆除，首先要用抓斗或吸石器将填料清除，然后用拔桩机起拔钢板桩。混凝土围堰的拆除，一般只能用爆破法炸除，但要注意，必须使主体建筑物或其他设施不受爆破危害。

控制爆破是为达到一定预期目的的爆破，如定向爆破、预裂爆破、光面爆破、岩塞爆破、微差控制爆破、拆除爆破、静态爆破、燃烧剂爆破等。

（一）定向爆破

定向爆破是一种加强抛掷爆破技术，它利用炸药爆炸能量的作用，在一定的条件下，可将一定数量的土岩经破碎后按预定的方向抛掷到预定地点，形成具有一定质量和形状的建筑物或开挖成一定断面的渠道。

在水利水电工程建设中，可以用定向爆破技术修筑土石坝、围堰、截流戗堤，以及开挖渠道、溢洪道等。在一定条件下，采用定向爆破方法修建上述建筑物，较之用常规方法可缩短施工工期、节约劳力和资金。

定向爆破主要是使抛掷爆破最小抵抗线方向符合预定的抛掷方向，并且在最小抵抗线方向事先造成定向坑，利用空穴聚能效应集中抛掷，这是保证定向的主要手段。造成定向坑的方法，在大多数情况下，都是利用辅助药包，让它在主药包起爆前先爆，形成一个起走向坑作用的爆破漏斗。若地形有天然的凹面可以利用，也可不用辅助药包。

（二）预裂爆破

进行石方开挖时，在主爆区爆破之前沿设计轮廓线先爆出一条具有一定宽度的贯穿裂缝，以缓冲、反射开挖爆破的振动波，控制其对保留岩体的破坏影响，使之获得较平整的开挖轮廓，此种爆破技术为预裂爆破。

在水利水电工程施工中，预裂爆破不仅在垂直、倾斜开挖壁面上得到广泛应用；在规则的曲面、扭曲面及水平建基面等也采用预裂爆破。

1.预裂爆破要求

①预裂缝要贯通且在地表有一定开裂宽度。对于中等坚硬岩石，缝宽不宜小于1.0 cm；坚硬岩石缝宽应达到0.5 cm左右；但在松软岩石上缝宽达到1.0 cm以上时，减振作用并未显著提高，应多做些现场试验，以利总结经验。②预裂面开挖后的不平整度不宜大于15 cm。预裂面不平整度通常是指预裂孔所形成之预裂面的凹凸程度，它是衡量钻孔和爆破参数合理性的重要指标，可依此验证、调整设计数据。③预裂面上的炮孔痕迹保留率应不低于80%，且炮孔附近岩石不出现严重的爆破裂隙。

2.预裂爆破主要技术措施

①炮孔直径为50～200 mm，对深孔宜采围较大的孔径。②炮孔间距宜为孔径的8～12倍，坚硬岩石取小值。③不耦合系数建议取2～4，坚硬岩石取

小值。④线装药密度取 250 ~ 400 g/m。⑤药包结构形式，当前较多的是将药卷分散绑扎在传爆线上。分散药卷的相邻间距不宜大于 50 cm，且不大于药卷的殉爆距离。考虑到孔底的夹制作用较大，底部药包应加强，为线装药密度的 2 ~ 5 倍。⑥装药时距孔口 1 m 左右的深度内不要装药，可用粗砂填塞，不必捣实。填塞段过短容易形成漏斗，过长则不能出现裂缝。

（三）光面爆破

光面爆破也是控制开挖轮廓的爆破方法之一。它与预裂爆破的不同之处则在于光面爆孔的爆破是在开挖主爆孔的药包爆破之后进行。它可以使爆裂面光滑平顺，超欠挖均很少，能近似形成设计轮廓要求的爆破。光面爆破一般多用于地下工程的开挖，露天开挖工程中用得比较少，只是在一些有特殊要求或者条件有利的地方使用。光面爆破的要领是孔径小、孔距密、装药少、同时爆。

（四）岩塞爆破

岩塞爆破系一种水下控制爆破。在已成水库或天然湖泊内取水发电、灌溉、供水或泄洪时，为修建隧洞的取水工程，避免在深水中建造围堰，采用岩塞爆破是一种经济而有效的方法。它的施工特点是先从引水隧洞出口开挖，直到掌子面到达库底或湖底邻近，然后预留一定厚度的岩塞，待隧洞和进口控制闸门并全部建完后，一次将岩塞炸除，使隧洞和水库连通。

岩塞的布置应根据隧洞的使用要求、地形、地质因素来确定。岩塞宜选择在覆盖层薄、岩石坚硬完整，且层面与进口中线交角大的部位，特别应避开节理、裂隙、构造发育的部位。岩塞的开口尺寸应满足进水流量的要求。岩塞厚度应为开口直径的 1 ~ 1.5 倍。太厚难以一次爆通，太薄则不安全。

水下岩塞爆破装药量计算，应考虑岩塞上静水压力的阻抗，用药量应比常规抛掷爆破药量增大 20% ~ 30%。为了控制进口形状，岩塞周边采用预裂爆破以减震防裂。

（五）微差控制爆破

微差控制爆破是一种应用特制的毫秒延期雷管，并以毫秒级时差顺序起爆各个（组）药包的爆破技术。其原理是把普通齐发爆破的总炸药能量分割为多数较小的能量，采取合理的装药结构、最佳的微差间隔时间和起爆顺序，为每个药包创造多面临空条件，将齐发药包产生的地震波变成一长串小幅值的地震波，同时各药包产生的地震波相互干涉，从而降低地震效应，把爆破震动控制在给定水平之下。爆破布孔和起爆顺序有成排顺序式、排内间隔式（又称"V形式"）、对角式、波浪式、径向式等，或由它组合变换成的其他形式，其中以对角式效果最好，成排顺序式最差。采用对角式时，应使实际孔距与抵抗线比大于2.5，对软石可为6～8；相同段爆破孔数根据现场情况和一次起爆的允许炸药量而确定装药结构，一般采用空气间隔装药或孔底留空气柱的方式，所留空气间隔的长度通常为药柱长度的20%～35%。间隔装药可用导爆索或电雷管齐发或孔内微差引爆，后者能更有效降震，爆破采用毫秒延迟雷管。最佳微差间隔时间一般取（3～6）W（W——最小抵抗线，m），刚性大的岩石取下限。。

相邻两炮孔爆破时间间隔宜控制在20～30 ms，不宜过大或过小；爆破网络宜采取可靠的导爆索与继爆管相结合的爆破网络，每孔至少一根导爆索，确保安全起爆；非电爆管网络要设复线，孔内线脚要设有保护措施，避免装填时把线脚拉断；导爆索网络联结要注意搭接长度、拐弯角度、接头方向，并捆扎牢固，不得松动。

微差控制爆破能有效地控制爆破冲击波、震动、噪声和飞石；操作简单、安全、迅速；可近火爆破而不造成伤害；破碎程度好，可提高爆破效率和技术经济效益。但该网络设计较为复杂；需特殊的毫秒延期雷管及导爆材料。微差控制爆破适用于开挖岩石地基、挖掘沟渠、拆除建筑物和基础，以及用于工程量与爆破面积较大，并对截面形状、规格、减震、飞石、边坡后面有严格要求的控制爆破工程。

第三章　爆破与钢筋工程施工

第一节　工程爆破基本理论

一、爆炸与爆破

（一）基本定义

炸药爆炸属于化学反应，它是指炸药在一定起爆能力（撞击、点火、高温等）的作用下，在瞬间发生化学分解，产生高温、高压气体，对相邻的介质产生极大的冲击压力，并以波的形式向四周传播。若在空气中传播，称为空气冲击波；若在岩土中传播，则称为地震波。

爆破是一种有目的的爆炸。它主要是利用炸药爆炸瞬间释放出的能量，使介质压缩、松动、破碎或抛掷等，以达到开挖或拆毁的目的。冲击波通过介质产生应力波，如果介质为岩土，当产生的压应力大于岩土的抗压极限强度时，岩土被粉碎或压缩；当产生的拉应力大于岩土的抗拉极限强度时，岩土产生裂缝，爆炸气体的气刃效应则产生扩缝作用。

（二）炸药爆炸的基本条件

炸药爆炸必须满足三个基本条件，即变化过程释放大量的热能、反应过程的高速度、能生成大量气体物。这是构成炸药爆炸的必要条件，缺一不可，亦称为炸药爆炸的三要素。

1.变化过程释放大量的热能

爆炸变化过程释放出大量的热能是产生炸药爆炸的首要条件。热量是炸药做功的能源，同时，如果没有足够的热量放出，化学变化本身不能供给继续变化所需的能量，化学变化就不可能自行传播，爆炸也就不能产生。例如硝酸铵的分解反应，在常温下的分解是吸热反应，不能发生爆炸；但当加热到200℃左右时，分解为放热反应，如果放出的热量不能及时散发，温度就会不断上升，促使反应速度不断加快和释放出更多的热量，最终就会引起硝酸铵的燃烧和爆炸。

2.变化过程必须是高速的

爆炸反应过程与通常化学反应过程的一个突出区别就是它的高速度。只有高速度的化学反应，才能在极短的时间内形成大量的高温高压气体，且高温高压气体迅速向四周膨胀做功，产生爆炸现象。

3.变化过程生成大量气体

爆炸产生的气体，在爆炸瞬间处于强烈的压缩状态，因而形成很高的势能。该势能在气体膨胀过程中对周围介质做功，迅速转变为机械能，使得周围介质（如岩石）破碎并运动。如果反应产物不是气体而是液体或固体，即使是放热反应，也不会形成爆炸现象。

（三）炸药化学变化的基本形式

在外界能量的作用下，炸药化学变化可能以不同速度进行传播，同时在其变化性质上也有很大的区别。按照其传播性质和速度的不同，可将炸药化学变化的基本形式分为四种，即热分解、燃烧、爆炸和爆轰。

1.热分解

炸药和其他物质一样，在常温下也会进行分解作用，但它是一种缓慢的化学变化，不会形成爆炸。其特点是化学变化的反应速度与环境温度有关：当温度升高时，分解速度加快，温度继续升高到某一定值（爆发点）时，热分解就能转化为爆炸中心。

2.燃烧

燃烧是伴随有发光、发热的一种剧烈氧化反应。与其他可燃物一样，炸药在一定条件下也会燃烧，不同的是炸药的燃烧不需要外界提供氧，炸药可以在无氧环境中正常燃烧，它与缓慢分解不同，炸药的燃烧过程只是在炸药局部区域内进行并在炸药内传播。在一定条件下，绝大多数炸药能够稳定地燃烧而不爆炸。若燃烧速度保持定值，不发生波动，称为稳定燃烧，否则称为不稳定燃烧。不稳定燃烧可导致燃烧的熄灭、振荡或转变为爆炸。

3.爆炸

与燃烧相比较，爆炸在传播形态上和燃烧有着本质区别。燃烧是通过热传导来传递能量和激起化学反应，受环境条件影响较大。爆炸则是借助压缩冲击波的作用来传递能量和激起化学反应，受环境影响较小。一般来说，爆炸过程很不稳定，不是过渡到更大爆速的爆轰，就是衰减到很小爆速的爆燃直至熄灭。爆炸是炸药化学反应过程中的一种过渡形式。

4.爆轰

炸药以最大稳定的爆速进行传播的过程叫作爆轰。它是炸药所特有的化学变化形式，与外界的压力、温度等条件无关。爆轰是炸药爆炸的最高形式，在给定的条件下，爆轰速度为常数。在爆轰条件下，炸药具有最大的破坏作用。

爆炸与爆轰并无本质的区别，只是传播速度不同而已。爆轰的传播速度是恒定的，爆炸的传播速度是可变的。

炸药化学变化的四种基本形式在性质上虽有不同之处，但它们之间却有着密切的联系，在一定条件下可以互相转化。

炸药的热分解在一定条件下可以转变为燃烧，而炸药的燃烧随温度和压力的增加又可能转变为爆炸，直至过渡到稳定的爆轰。这种转变所需的外界条件是至关重要的，因此分析了解炸药化学变化的不同形式，是针对各种不同的实际情况，有目的地控制外界条件，充分利用炸药能量，使其发挥最大作用。

二、炸药的起爆与感度

（一）炸药的起爆与起爆能

炸药是一种相对稳定的平衡系统，要使其发生爆炸变化必须由外界施加一定的能量。通常将外界施加给炸药某一局部而引起炸药爆炸的能量称为起爆能，而引起炸药发生爆炸的过程称为起爆。

引起炸药爆炸的原因可以归纳为两方面——内因与外因。从内因看，是由于炸药分子结构的不同所引起的，也就是说，炸药本身的化学性质和物理性质决定着该炸药对外界作用的选择能力。吸收外界作用能量比较强、分子结构比较脆弱的炸药就容易起爆，否则起爆就比较困难。例如碘化氮只要用羽毛轻轻触及就可以引起爆炸，而硝酸铵要用几十克甚至数百克梯恩梯才能引爆。

所谓外因是指起爆能。由于外部作用的形式不同，其起爆能通常有以下三种形式。

1.热能

利用加热的形式使炸药形成爆炸。能够引起炸药爆炸的加热温度，称为起爆温度。热能是最基本的一种起爆能，在以往的爆破作业中，利用导火索引爆火雷管，就是热能引爆的一个例子。

2.机械能

通过机械作用使炸药爆炸，其机械作用的方式一般有撞击、摩擦、针刺、枪击等。机械作用引起爆炸的实质是在瞬间将机械能转化为热能，从而使局部炸药达到起爆温度而爆炸。

在工程爆破中，很少利用机械能进行起爆，但是在炸药生产、储存、运输和使用过程中，应该注意防止因机械能引起意外的爆炸事故。

3.爆炸能

这是工程爆破中最广泛应用的一种起爆能。顾名思义，它是利用某些炸药的爆炸能来起爆另外一些炸药。例如在爆破作业中，利用雷管爆炸、导爆索爆炸和中继起爆药包爆炸来起爆炸药包等。

（二）炸药的感度

炸药在外界能量作用下，发生爆炸反应的难易程度称为炸药感度。炸药感度与所需的起爆能成反比，即炸药爆炸所需的起爆能越小，该炸药的感度越大，按照外部作用形式，炸药的感度有热感度、机械感度和爆轰感度之分。

1.炸药的热感度

炸药在热能的作用下发生爆炸的难易程度称为热感度，通常以爆发点和火焰感度等表示。

①炸药的爆发点。炸药的爆发点是指使炸药在一定的受热条件下，经过一定的延滞期（5 min），发生爆炸时加热介质的最低温度。这一温度并不是炸药爆炸时炸药本身的温度，也不是炸药开始分解时本身的温度，而是指炸药分解自行加速开始时的环境温度。爆发点越高，则表示炸药的热感度越低。通常采用爆发点测定器来测定炸药的爆发点。

②炸药的火焰感度。炸药在明火（火焰、火星）作用下，发生爆炸变化的

能力称为炸药的火焰感度。在非密闭状态下，黑火药与猛炸药用火焰点燃时通常只能发生不同程度的燃烧变化，而起爆药却往往表现为爆炸。根据火焰感度的不同，人们选择使用不同炸药，以满足不同的需要。

2.炸药的机械感度

炸药的机械感度是指炸药在撞击、摩擦等机械作用下发生爆炸的难易程度，包括撞击感度和摩擦感度。它通常用爆炸概率法来测定。

炸药的撞击感度是指炸药在机械撞击作用下发生爆炸的难易程度，它是炸药最重要的感度指标之一。测定撞击感度最常用的仪器是立式落锤仪。

炸药的摩擦感度是指在机械摩擦作用下炸药发生爆炸的难易程度。测定炸药摩擦感度常用的仪器是摆式摩擦仪。

3.炸药的爆轰感度

炸药的爆轰感度是用来表示一种炸药在其他炸药的爆炸作用下发生爆炸的难易程度。它一般用极限起爆药量表示。所谓极限起爆药量，指引起炸药完全爆炸的最小起爆药量。

毋庸置疑，炸药的感度是一个很重要的问题，在炸药的生产、运输、储存和使用过程中要给予足够的重视。对于敏感度高的炸药，要有针对性地采取预防措施；而对于敏感度低的炸药，特别是起爆感度低的炸药，在工程爆破使用中要注意选用合适的起爆药包。

三、炸药的氧平衡

就元素组成来说，炸药通常是由碳（C）、氢（H）、氧（O）、氮（N）四种元素组成的。其中碳、氢是可燃元素，氧是助燃元素，炸药是一种载氧体。炸药的爆炸过程实质上是可燃元素与助燃元素发生极其迅速和猛烈的氧化还原反应的过程。反应结果是氧和碳结合生成二氧化碳（CO_2）或一氧化碳（CO），氢和氧化合生成水（H_2O），这两种反应都放出了大量的热。每种炸药里都含有一定数量的碳、氢原子，也含有一定数量的氧原子，发生反应时就会出现碳、氢、氧的数量不完全匹配的情况。氧平衡就是衡量炸药中所含的氧与可燃元素完全氧化所需要的氧两者是否平衡。所谓完全氧化，即碳原子完全氧化生成二氧化碳，氢原子完全氧化生成水。根据所含氧的多少，可以将炸药的氧平衡分为下列三种不同的情况。

零氧平衡，指炸药中所含的氧刚好将可燃元素完全氧化。

正氧平衡，指炸药中所含的氧将可燃元素完全氧化后还有剩余。

负氧平衡，指炸药中所含的氧不足以将可燃元素完全氧化。

实践表明，只有当炸药中的碳和氢都被氧化成CO_2和H_2O时，其放出的热量才最大。零氧平衡一般接近于这种情况。负氧平衡的炸药，爆炸产物中就会有CO、H_2，甚至会出现固体碳；而正氧平衡炸药的爆炸产物，则会出现NO、NO_2等气体。后两种情况都不利于发挥炸药的最大威力，同时会生成有毒气体。如果把它们用于地下工程爆破作业，特别是含有矿尘和瓦斯爆炸危险的矿井，就更应引起注意。因为CO、NO、N_xO_y，不仅都是有毒气体，而且能对瓦斯爆炸反应起催化作用，因此，这样的炸药就不能应用于地下矿井的爆破作业。

炸药的氧平衡不仅具有理论意义，而且是设计混合炸药配方、确定炸药使用范围和条件的重要依据。

四、炸药的爆炸性能

有关炸药爆炸性能方面的内容是很多的，这里只讨论与工程爆破关系密切的一些性能，如炸药的爆速、猛度、殉爆距离及与其有关的沟槽效应、聚能效应等。

（一）爆速

爆轰波在炸药药柱中的传播速度称为爆轰速度，简称为爆速，通常以m/s或km/s表示。

炸药的爆速与炸药爆炸的化学反应速度是本质不同的两个概念。爆速是爆轰波阵面一层一层地沿炸药柱传播的速度，而爆炸化学反应速度是指单位时间内反应完了的物质的质量，其度量单位是g/s。

（二）猛度

炸药的猛度是指爆炸瞬间爆轰波和爆炸气体产物直接对与之接触的固体介质局部产生破碎的能力。猛度的大小主要取决于爆速，爆速越高，猛度越大，岩石被粉碎得越厉害。炸药猛度的实测方法一般采用铅柱压缩法。

（三）殉爆距离

一个药包（卷）爆炸后，引起与它不相接触的邻近药包（卷）爆炸的现象，称为殉爆。殉爆在一定程度上反映了炸药对冲击波的敏感度。通常将先爆炸的药包称为主发药包，被引爆的后一个药包称为被发药包。前者引爆后者的最大距离叫作殉爆距离，它表示一种炸药的殉爆能力。在工程爆破中，殉爆距离对于检验炸药质量和合理布置孔网参数等都具有指导意义。在炸药厂和危险品库房的设计中，它又是确定安全距离的重要依据。

（四）沟槽效应

沟槽效应也称管道效应、间隙效应，即当药卷与炮孔壁间存有月牙形间隙时，炸药药柱所出现的自抑制——能量逐渐衰减直至拒爆的现象。实践表明，在小直径炮孔爆破作业中尤其是地下爆破中，这种效应普遍存在，是影响爆破质量的重要因素之一。

采用下列技术措施可以减小或消除沟槽效应，改善爆破效果：采用耦合散装炸药消除径向间隙，可以从根本上克服沟槽效应；沿药卷全长布设导爆索，可以有效地起爆炮眼内的细长排列的所有药卷；每装数个药包后，装一个能填实炮孔的大直径药包，以阻止空气冲击波或等离子体的超前传播；给药卷套上由硬纸板或其他材料做成的隔环，将间隙隔断，以阻止间隙内空气冲击波的传播或削弱其强度；采用化学技术，选用不同的药卷包装涂覆物，如沥青、石蜡、蜂蜡等，可以削弱或消除沟槽效应；采用散装技术，使炸药全部充填炮孔不留间隙，或采用临界值小的炸药。

（五）聚能效应

炸药爆炸后其爆轰产物运动方向具有与药包外表面垂直或大致垂直这一基本规律，利用这一规律将药包制成特殊形状（如半球面空穴状、锥形空穴状等）。炸药爆炸后，爆轰产物向空穴的轴线方向汇集，并产生增强破坏作用的效应称为聚能效应。能产生聚能效应的装药称为聚能装药。

第二节 爆破器材与起爆方法

一、爆破器材

人们通常所讲的爆破器材是指民用爆破器材——用于非军事目的的各种炸药及其制品和火工品的总称，包括炸药、雷管、导爆索、导爆管和辅助器材（如起爆器、导通器等）。

（一）工业炸药

在一定条件下，能够发生快速化学反应，释放出能量，生成大量气体产物，显示爆炸效应的化合物或混合物称为炸药。它不仅用于军事目的，而且广泛应用于国民经济的各个部门，通常将前者称为军用炸药，后者称为工业炸药，也称为民用炸药。它是由氧化剂、可燃剂和其他添加剂等组分按照氧平衡的原理配制，并均匀混合制成的爆炸物。

1.工业炸药的分类

炸药分类的方法很多，没有一个完全统一的标准，一般按照炸药的组成、用途等分类。

（1）按炸药的组成分类

单质炸药。单质炸药指化学成分为单一化合物的炸药，如 TNT、黑索金、泰安、雷汞等。单质炸药常用作雷管的加强药、导爆索和导爆管药芯及混合炸药的组成等。

混合炸药。由两种或两种以上独立的化学成分组成的爆炸性混合物。通常由硝酸铵作为主要成分与可燃物混合而成。混合炸药是目前水利水电工程开挖爆破中应用最广、品种最多的一类炸药。

（2）按炸药的用途分类

起爆药。主要用于制造雷管和导爆索，用以起爆其他工业炸药。起爆药的特点极其敏感，受外界较小能量作用即发生爆炸。常用的起爆药有叠氮化铅、雷汞、二硝基重氮酚等。

猛炸药。具有较大的稳定性，其机械感度较低，需要足够的能量才能将其引爆。工程爆破中多用雷管、导爆索等起爆器材并将其引爆。常用的猛炸药有混合型工业炸药、TNT、黑索金、奥克托金等。

发射药。发射药又称为火药，特点是对火焰极其敏感。常用的发射药有黑火药等。

烟火剂。烟火剂基本上也是由氧化剂与可燃剂组成的混合物，其主要变化过程是燃烧。一般用来装填照明弹、信号弹、燃烧弹等。

2.常用工业炸药

常用工业炸药有铵油炸药、乳化炸药、水胶炸药、膨化硝铵炸药和其他工业炸药等。

（1）铵油炸药

铵油炸药是由硝酸铵和轻柴油等组成的混合炸药。它分为粉状铵油炸药、多孔粒状铵油炸药和改性铵油炸药等。粉状铵油炸药是由硝酸铵、柴油、木粉按照炸药爆炸零氧平衡原则配制。多孔粒状铵油炸药中，多孔粒状硝铵和轻柴油的配比为94.5%：5.5%。改性铵油炸药与铵油炸药配方基本相同，主要区别在于组分中的硝酸铵、燃料油和木粉进行了改性，使炸药的爆炸性能和储存性能明显提高。铵油炸药的主要特点如下：①成分简单，原料来源充足，成本低，制造使用安全；②感度低，起爆较困难；③铵油炸药吸潮及固结的趋势较为强烈。

（2）乳化炸药

乳化炸药指采用乳化技术制备的油包水乳胶型抗水工业炸药。乳化炸药的主要特点：①密度可调范围较宽（0.8～1.45 g/cm³），可根据工程实际需要制成不同密度的品种；②爆速和猛度较高，爆速可达4000～5200 m/s，猛度可达17～20 mm；③抗水性能强；④起爆感度高，乳化炸药通常可用8号雷管起爆。

（3）水胶炸药

水胶炸药是一种凝胶状含水炸药。它的优点是：爆破反应较安全；能量释放系数高，威力大；抗水性好；爆炸后有毒气体生成量少；储存稳定性好；规格品种多。缺点是：不耐压、不耐冻；易受外界条件影响而失水解体，影响炸药性能；原材料成本较高，炸药价格较贵。

（4）膨化硝铵炸药

膨化硝铵炸药是指用膨化硝酸铵作为炸药氧化剂的一系列粉状硝铵炸药。它的关键技术是硝酸铵的膨化、敏化改性。它有岩石膨化硝酸铵炸药、露天膨化硝酸铵炸药、煤矿膨化硝酸铵炸药、抗水膨化硝酸铵炸药等。

（5）其他工业炸药

单质炸药：梯恩梯、黑索金、泰安、奥克托金。

低爆速炸药：爆速在 1500 ~ 2000 m/s，用于爆炸加工等。

（二）起爆器材

工程爆破所使用的炸药均是由起爆器材引爆的，合理选择起爆器材，才能获得满意的爆破效果。随着科学技术的不断进步，从劳动保护、安全等要求考虑，中国已经淘汰导火索和火雷管，这里只介绍水利水电工程中常用的起爆器材。

1.工业雷管

工业雷管按其每发装药量多少分为 10 个等级，号数越大，其雷管内装药越多，雷管的起爆能力就越强。工程爆破中常采用 8 号雷管，其装药量为 0.8 g。

工程爆破中常用的工业雷管有电雷管、导爆管雷管等。电雷管又有普通电雷管、磁电雷管、数码电雷管。在普通电雷管中又有瞬发电雷管、秒与半秒延期电雷管、毫秒延期电雷管等。品种数码电子雷管和磁电雷管是新近发展起来的新品种，代表着工业雷管的发展方向。

（1）电雷管

电雷管是指利用电能发火引爆的一种工业雷管。电雷管按通电后起爆时间不同，以及是否允许用于有瓦斯或煤尘爆炸危险的作业面分为好多种类。电雷管结构主要由管壳、电点火系统、加强帽、起爆药和猛炸药五部分组成。延期电雷管还有延期体原件。

（2）导爆管雷管

导爆管雷管是指利用塑料导爆管传递的冲击波能直接起爆的雷管，由导爆管和雷管组装而成。导爆管雷管具有抗静电、抗雷电、抗射频、抗水、抗杂散电流的能力，使用安全可靠，简单易行，在水利水电工程中广泛应用。一般按延期时间分为毫秒延期导爆管、1/4 秒延期导爆管、半秒延期导爆管、秒延期导爆管等。工程中应用最广的是毫秒延期导爆管。

（3）数码电子雷管

数码电子雷管是指在原有雷管装药的基础上，采用具有电子延时功能的专用集成电路芯片实现延时的电子雷管。利用电子延期精准可靠、可校准的特点，使雷管延期精度和可靠性极大提高。数码电子雷管的延期误差可控制到±1 ms，且延期时间可在爆破现场由爆破技术人员对爆破系统实施编程设定和检测。

2.导爆索

导爆索又称传爆线，是指用单质炸药黑索金或泰安炸药作为药芯，用棉麻、纤维及防潮材料包缠成索状的起爆及传爆材料。工业导爆索外观颜色一般为红色。经雷管引爆后，导爆索可直接引爆炸药、塑料导爆管及其他导爆索，也可作为单独的爆破能源。水利水电工程中的预裂及光面爆破均采用导爆索来传爆炸药。

二、起爆方法

在工程爆破施工中，引爆药包中的工业炸药有两种方法：一种是通过雷管的爆炸起爆工业炸药，一种是用导爆索爆炸产生的能量去引爆工业炸药，而导爆索本身需要先用雷管将其引爆。

按雷管的点燃方法不同，起爆方法包括火雷管起爆法、电雷管起爆法、导爆管雷管起爆法。

火雷管起爆法由导火索传递火焰点燃火雷管，是工程爆破中最早使用的起爆方法。火雷管起爆法由于需要在工作面点火，安全性差，一次起爆能力小，不能精确控制起爆时间，因此，中国已决定停止生产民用导火索及火雷管。

导爆管雷管起爆法是利用导爆管传递爆轰波点燃雷管，也称导爆管起爆法；电雷管起爆法采用电引火装置点燃雷管，所以也称电力起爆法。与雷管起爆法相对应，导爆索起爆炸药称为导爆索起爆法；与电力起爆法相对应，爆管起爆法和导爆索起爆法又统称为非电起爆法。

根据起爆方法的不同，起爆网路分为电力起爆网路、导爆管起爆网路、导爆索起爆网路三种，后两种又称为非电起爆网路。工程实践中，有时根据施工条件和要求采用由上述不同起爆网路组成的混合起爆网路。

（一）电力起爆法与电爆网路

电力起爆法（俗称电起爆法）是利用电能引爆电雷管进而直接起爆工业炸药的起爆方法。构成电起爆法的器材有电雷管、导线、起爆电源和测量仪表。

1.电雷管的主要参数

（1）电雷管电阻

电雷管电阻是指桥丝电阻和导线电阻之和。电雷管在使用前，应测定每发电雷管的电阻值。同一电爆网路中应使用同厂、同批、同型号的电雷管，电雷管的电阻值差不得大于说明书的规定。

电雷管电阻值测量和电爆网路导通，只能使用专用爆破电桥或导通器，电阻测量仪的测量电流不得大于30 mA。

（2）安全电流

安全电流是指给单发电雷管通以恒定直流电，通电时间5 min，受试电雷管均不会起爆的电流值。当直流电值超过安全电流时，雷管就可能会爆炸，所以安全电流也称最高安全电流。

（3）最小发火电流

试验中将通电时间为30 ms时发火概率为99.99%的电流值作为最小发火电流，也称为最低准爆电流，它反映了电雷管在引爆时的敏感度指标。国产电雷管的最小发火电流不大于0.45 A。

2.电力起爆网路

电爆网路设计时，要根据需要起爆的电雷管数目和爆破作用类型，选择正确的电爆网路形式，确定所需起爆电源的电压或功率，使得流经每个电雷管的电流值不得小于爆破安全规程规定的准爆电流值。在工程实践中规定，电爆网路中通过每发电雷管的电流值，对于一般爆破，直流电不小于2 A，交流电不小于2.5 A；对洞室爆破，直流电不小于2.5 A，交流电不小于4 A。

电爆网路包括串联、并联和混合联三种基本形式。一般来讲，串联网路用于电雷管数目少的小规模爆破，并联网路仅用于某些特殊情况，混合联网路使用于雷管数目很大的爆破。

（1）串联电爆网路

串联电爆网路与串联电路一样，它是将所有要起爆的电雷管脚线依次连接。串联网路的总电阻等于所有电雷管电阻值之和加上母线和连接线的电阻。

串联电爆网路操作简便，用仪表检查也很方便，很容易检测网路故障，整个网路所需总电流小，在小规模爆破中被广泛应用。但在串联网路中，一旦其中任何一根雷管发生故障，则整个网路拒爆；受电源电压的限制，一次起爆的雷管数量不多。

（2）并联电爆网路

并联电爆网路连接简单，不易造成混乱。并联电爆网路的最大优点是网路中每根雷管都能获得较大的电流，起爆可靠性较高。但并联起爆网路所需的电流强度较大，雷管数量多时，往往超过电源的容许能量。此外，并联网路用仪表检查漏接比较困难。

（3）混合联电爆网路

混合联电爆网路有串并联和并串联两种基本形式。串并联就是将若干电雷管先串联成组，再将各串联组并联的网路；并串联是将若干电雷管并联成组，然后串联的网路。混合联网路常常在规模较大的爆破中使用。

（二）导爆索起爆法

导爆索起爆法是利用导爆索爆炸产生的能量引爆炸药的起爆方法。用导爆索组成的起爆网路可以起爆群药包，但导爆索本身需要雷管先将其引爆。

1.导爆索的连接方法

导爆索起爆网路的形式比较简单，无须计算，只要合理安排起爆顺序即可。导爆索传递爆轰波的能力具有方向性，因此在连接网路时必须使每一支线的接头迎着主线的传播方向，支线与主线传播方向的夹角应小于90°。支线与主干线的连接一般采用搭接法。搭接时，两根导爆索的长度不得小于15 cm，中间不得夹有异物和炸药卷，绑扎应牢固；导爆索本身的接长，可采用扭结或顺手结；为使支线导爆索可同时接受两个方向传来的爆轰波，支线与主线间采用三角形接法。

2.导爆索起爆网路

导爆索起爆网路由主干线、支线和继爆管（或导爆管雷管）等组成。常用的导爆索起爆网路可分为齐发起爆网路和微差起爆网路。

（1）齐发起爆网路

齐发起爆网路是指采用一条主干线同时起爆的网路。一般在规模较小、不存在爆破振动要求及一些地质结构不适用微差爆破的情况下，选择齐发起爆网路。

（2）微差起爆网路

微差起爆网路包括"继爆管—导爆索微差起爆网路"和"导爆管雷管—导爆索微差起爆网路"。就是将继爆管或导爆管雷管直接接在预定时间间隔实行顺序起爆的各个炮孔或各组炮孔之间的支线上，形成微差起爆网路。

导爆索起爆网路的优点是安全性好，传播可靠，操作简单，使用方便，可以实现成组深孔或药室同时起爆，并能实现总延时时间不长的微差爆破；其主要缺点是成本高，起爆网路不能用仪表检查，在露天爆破时噪声大。导爆索起爆网路适用于深孔、洞室、预裂和光面爆破中。

（3）导爆索的起爆

导爆索本身的起爆需要先用雷管将其起爆，为了可靠起爆，一般采用两根雷管。雷管与导爆索连接时，应将两根雷管顺着导爆索并排放置，且雷管的聚能穴端必须朝向导爆索的传播方向，然后用电工胶布将它们牢固地捆绑在一起，以确保雷管与导爆索之间紧密接触。

（三）导爆管雷管起爆法

1.导爆管雷管起爆法的特点

导爆管起爆法可以在有电干扰的环境下进行操作，联网时不会因通信电网、高压电网、静电等杂散电流的干扰引起早爆、误爆事故，安全性较高；一般情况下导爆管起爆网路起爆的药包数量不受限制，网路也不必进行复杂的计算；导爆管起爆方法灵活、形式多样，可以实现多段延时起爆。导爆管网路连接操作简单，检查方便；导爆管传播过程中声音小，没有破坏作用。导爆管网络的缺点是没有检测网路完好性的有效手段。而导爆管本身的缺陷、操作中的失误和对其轻微的损伤都有可能引起网路的拒爆。因而在工程爆破中采用导爆管起爆网路，除必须采用合格的导爆管、连接件、雷管等组件外，还应注重网路的布置，提高网路的可靠性，重视网路的操作和检查，在有瓦斯或矿尘爆炸危险的场所不能使用导爆管起爆。

2.导爆管起爆法的连接方式

导爆管起爆法的连接方式有簇联法和并串联连接法等。

（1）簇联法

簇联法是将炮孔内引出的导爆管分成若干束，每束导爆管捆联在一个（或多个）导爆管传播雷管上，再将导爆管传播雷管集束捆联到上一级传播雷管上，直至用一发或一组起爆雷管击发即可将整个网路起爆。这种网路简单、方便，多用于炮孔比较密集和采用孔内延时组成的网路连接中，隧洞爆破中多采用此种连接方法。

（2）并串联连接法

并串联连接法是从击发点出来的爆轰波通过导爆管、传播元件或分流式连接元件逐级传递下去并引爆装在药包中的导爆管雷管，使网路中的药包起爆的方法。

3.导爆管起爆网路的基本形式

以分段方法来区分导爆管起爆网路，可分为孔内延时起爆网路与接力起爆网路两类。

（1）孔内延时起爆网路

所谓孔内延时起爆网路，是指网路中各个炮孔内的起爆雷管采用不同段别的延时雷管，依序起爆的微差起爆网路。该网路中，炮孔间的微差爆破作用由孔内延期起爆雷管的段别所决定，而在网路中炮孔外的传播元件仅起传播作用，不起延时作用。

（2）接力起爆网路

接力起爆网路包括孔外延时、孔内孔外同时延时两种网路。

与孔内延时起爆网路相反，接力式起爆网路中所有的传播元件均采用毫秒延期雷管进行微差延时，炮孔内采用相同段别或不同段别的延期雷管及导爆索作为起爆元件。该网路中的传播元件不只是单一的传播作用，更重要的是进行微差延时积累，达到微差起爆目的。在工程爆破施工实践中，要根据实际情况进行爆破网路设计。

第三节　爆破施工技术与爆破控制

一、爆破施工

（一）爆破钻孔机械

工程爆破常用的钻孔机械按用途可分为：露天钻孔机械、地下钻孔机械和水下钻孔机械。露天钻孔机械主要有凿岩机、牙轮钻机、潜孔钻机和液压凿岩钻机等；地下钻孔机械主要有凿岩机、潜孔钻机、牙轮钻机、隧道掘进钻车和采矿凿岩钻车等；水下钻孔机械主要有固定支架水上作业平台、漂浮式钻孔作业船与作业平台、支腿升降式水上钻孔作业平台等。

凿岩机既是露天钻孔机械，又是地下钻孔机械。其中应用最为广泛的是气动式凿岩机。

气动式凿岩机的动作原理属于冲击回转式，动力为压缩空气，主要有手持式凿岩机、气腿式凿岩机、向上式凿岩机和导轨式凿岩机等。其中，手持式凿岩机、气腿式凿岩机、向上式凿岩机属于浅孔钻机，而导轨式凿岩机属于中深孔凿岩机。国产浅孔凿岩机主要有 YT-24、YT-27、YT-28 等型号。

深孔凿岩设备一般采用潜孔钻机、牙轮钻机和液压凿岩钻机等。

（二）台阶爆破施工工艺

1.施工准备

（1）覆盖层清除

清除一般按照"先剥离、后开采"的原则，根据施工区的特点，先组织机械进行表土清除、风化层剥离，为爆破施工创造条件。

（2）施工道路布置

施工道路主要服务于钻机就位和渣料运输修筑施工道路，尽量利用已有道路以减少公路修筑工程量，缩短上山道路施工工期。

（3）台阶布置

根据开采地形和台阶高度，结合已修筑施工道路，合理布置台阶。应在道路与设计台阶交叉处向两侧外拓，为钻机和出渣机械工作创造条件。向两侧外拓采用挖掘机械与爆破相结合的方法。

2.钻孔

（1）钻机平台修建

台阶式爆破都应为钻机修筑钻孔平台。平台宽度应便于钻孔机械安全施工为宜。保证一次钻孔不少于两排孔。平台要平整，便于钻孔机移动和作业。施工时采用浅孔爆破、推土机整平的方法。

（2）钻孔方法

钻孔时，施工操作人员要掌握钻机的操作要领，熟悉和了解设备的性能、构造原理及使用注意事项，熟练操作技术，并掌握不同性质岩石的钻孔规律。钻孔的基本要领是：软岩慢打，硬岩快打；小风压顶着打，不见硬岩不加压；勤看勤听勤检查。

①开口。对于完整的岩面，应先吹净浮渣，给小风不加压，慢慢冲击岩面，打出孔窝后，旋转钻具下钻开孔。当钻头进孔后，逐渐加大分量至全风全压快速凿岩状态。若开口不当，会形成喇叭口，小碎石随时可能掉进孔内造成卡钻或堵孔。所以开口时应使钻头离地，给高风高压，吹净浮渣，按"小风压顶着打，不见硬岩不加压"的要领开口。

②钻进技巧。孔口开好后，进入正常钻进时，对于硬岩应选择高质量高硬度的钻头、送全风全压，但转速不宜过快，防止损坏钻头；对于软岩，应送全风加半压慢打，排净钻孔岩粉，每钻进1.0 ~ 1.5 m时提钻吹孔一次。防止孔底积渣过多而卡钻；对于分化破碎岩层，应分量小压力轻，勤吹孔勤护孔，防止塌孔现象，每钻进1.0 m左右，就用黄泥护孔一次。

③泥浆护孔方法。对于孔口岩石破碎不稳定段，应在钻孔过程中采用泥浆进行护壁，一是避免孔口形成喇叭口状影响钻屑冲出，二是防止在钻孔、装药过程中孔口破碎岩块掉入孔内造成堵孔。泥浆护壁的操作程序是：炮孔钻凿2 ~ 3 m，在孔口堆放一定量的含水黏黄泥；用钻杆上下移动，尽量将岩粉吹出孔外，以保证钻孔深度，提高钻孔利用率。

（3）炮孔验收与保护

炮孔验收主要内容包括：检查炮孔深度和孔网参数，复核前排各炮孔的抵抗线，查看孔中含水情况等。炮孔验收应对各项检查数据做好记录。

为防止堵孔，应该做到以下三方面：①每个炮孔钻完后立即将孔口用木塞或塑料塞堵好，防止雨水或其他杂物进入炮孔；②孔口岩石清理干净，防止掉落孔内；③一个爆区钻孔完成后尽快实施爆破。

在炮孔验收过程中发现堵孔、深度不够，应及时进行补钻。在补孔过程中，应注意周边炮孔的安全，保证所有炮孔在装药前全部符合设计要求。

3.装药方法

装药主要有两种方式：机械装药和人工装药。对于矿山等用药量大的地方，一般采用机械装药。机械装药与人工装药相比，安全性好，效率高，也较为经济。

（1）装药过程注意事项

①结块的炸药必须敲碎后再装入孔内，防止堵塞炮孔，破碎药块只能用木头

锤，不能用铁器；乳化炸药在装入炮孔前一定要整理顺直，不得有压扁等现象，防止堵塞炮孔；②根据装入炮孔内炸药量估计装药位置，发现装药位置偏差很大时，应立即停止装药，分析原因后再做处理；③装药速度不宜过快，特别是水孔装药速度一定要慢，要保证乳化炸药沉入孔底；④放置起爆药包时，雷管脚线要顺直，轻轻拉紧并贴在孔壁一侧，以避免脚线产生死弯而造成芯线折断、导爆管折断等，同时可减少炮棍捣坏脚线的机会；⑤采取有效措施，防止起爆线（或导爆管）掉进孔内；⑥装药超量时采取的处理方法。其一，装药为铵油炸药时往孔内倒入适量水溶解炸药，降低装药高度保证填塞长度符合设计要求；其二，炸药为乳化炸药时采用炮棍等将炸药一节一节地提出孔外，满足炮孔填塞长度。处理过程中一定要注意雷管脚线（或导爆管）不得受到损伤。

（2）装药过程中发生堵孔时应采取的措施

首先了解发生堵孔的原因，以便在装药操作过程中予以注意，并采取相应措施尽可能避免造成堵孔。发生堵孔原因包括：①在水孔中，由于炸药在水中下降速度慢，装药过快易造成堵孔；②炸药块度过大，在孔内卡住后难以下沉；③装药时将孔口浮石带入孔内或将孔内松动石块碰到孔中间，造成堵孔；④水孔内水面因装药而上升，将孔壁松动岩块冲到孔中间堵孔；⑤起爆药包卡在孔内某一位置，未装到接触炸药处，继续装药就会造成堵孔。

堵孔的处理方法：起爆药包未装入炮孔前，可采用木质炮棍捅透装药，疏通炮孔；如果起爆药包已装入炮孔，严禁用力直接捅压起爆药包，可请现场爆破技术人员根据现场情况提出处理意见。

4.堵塞

堵塞材料一般采用钻屑、黏土、粗砂等，水平填塞时应用废纸将钻屑、黏土、粗砂等制成炮泥卷。

（1）堵塞方法

堵塞时，应将填塞材料慢慢放入孔内。孔内堵塞段有水时，采用粗砂或钻孔岩粉填塞，每填入30～50 cm后，用炮棍检查是否沉到位，并捣实。严防炮泥悬空、炮孔填塞不密实。水平孔、倾斜孔堵塞时，采用炮泥卷填塞，炮泥卷每放入一卷，用炮棍将炮泥卷捣烂压实。

（2）堵塞时注意事项

①堵塞材料中不得含有碎石块和易燃材料。②堵塞过程中要防止导线、导爆

管被砸断、砸破。

5.起爆网路的连接

爆破网路连接是一个关键工序，一般由爆破技术人员或有丰富经验的爆破员来操作，网路连接人员必须了解爆破工程的设计意图、具体起爆顺序，能够识别不同段别的起爆器材。

采用电爆网路时，因一次起爆孔数较多，必须合理分区连接，以减小整个爆破网路的电阻值，分区时要注意各个支路的电阻平衡，才能保证每根雷管获得相同的电流值，实践表明，电爆网路连接质量关系到工程的成败，任何问题如接头不牢固、导线断面不够、导线质量低劣、连接电阻过大或接头触地漏电等，都会造成起爆时间延误或发生拒爆。在网路连接过程中，应利用爆破参数测定仪随时监测网路电阻值，网路连接完毕后，必须对网路所测电阻值与计算进行比较，如有较大误差，应查明原因，排除故障，重新连接。

采用非电爆破网路时，由于不能用仪器进行施工过程监测，要求网路连接人员精心操作，注意每排和每个炮孔的雷管段别，必要时划片有序连接，以免出错或漏连。在导爆管网路采用簇联时，必须两人配合，一定捆好绑紧，并将起爆雷管的聚能穴做适当处理，避免雷管飞片将导爆管切断，产生瞎炮。采用导爆索与导爆管联合起爆网路时，一定要用内装软土的编织袋将导爆管保护起来，避免导爆索爆炸时的冲击波对导爆管产生不利影响。

6.起爆

起爆前，首先检查起爆器是否完好正常，及时更换起爆器电池，以保证提供足够电能，并能快速充到爆破需要的电压值；在连接主线接入起爆器前，必须对网路电阻进行检测；当警戒完成后，再次测定电阻值，确保安全后，才能将主线接入起爆器，等候起爆命令；起爆后应及时切断电源，将主线与起爆器分离。

7.爆后检查

爆破后，爆破工程技术人员和爆破员先对爆破现场进行检查。只有在检查完毕确认安全后，才能发出解除警戒信号和允许其他施工人员进入爆破作业现场。

爆破后不能立即进入现场，应等待一定时间，确保所有起爆药包均已爆炸，以及爆堆基本稳定后再进入现场检查。一般岩土爆破后检查内容主要包括：①露天爆破爆堆是否稳定，有无危坡、危石；②有无危险边坡、不稳定爆堆、滚石和超范围塌陷；③有无拒爆药包；④最敏感、最重要的保护对象是否安全；⑤爆区附近有隧道、涵洞和地下采矿场时，应对这些部位进行安全和有害气体检测。

爆后检查如果发现或怀疑有拒爆药包，应向现场指挥汇报，由其组织有关人员做进一步检查；如发现存在瞎炮或其他不安全因素，应尽快采取措施进行处理；在上述情况下，不应发出解除警戒信号。

二、爆破安全控制

爆破安全包括两方面的内容：一是爆破施工作业中的安全问题；二是爆破产生危害影响的防护和控制，主要包括对爆破振动、冲击波、飞石、粉尘、噪声等的影响防护和控制。

（一）爆破作业安全防护措施

1.严格执行《爆破安全规程》，加强安全教育

对于爆破器材运输、储存、保管与现场装药爆破施工的安全，应严格执行《爆破安全规程》规定。完善爆破作业的规章制度，对施工人员进行安全教育，是保证施工安全的重要环节。

2.采用新技术、新工艺，提高施工技术水平

爆破作业应尽可能采用分段延期和毫秒微差爆破，减少一次起爆的药量，调整震动周期和减少震动；通过打防震孔、挖防震槽或进行预裂爆破，以保护有关建筑物、构筑物和重要设施；尽量避免采用裸露爆破，以节约炸药，减少飞石和空气冲击波压力；水下爆破可采用气幕防震，利用气泡压缩变形吸收能量，减轻水中冲击波对被保护目标的破坏；尽可能选择小的爆破作用指数和孔距小、孔深浅的爆破，减小抛掷距离和飞石；也可以采用调整布孔和起爆顺序的方法来改变最小抵抗线的方向，避免最小抵抗线正对居民区、重要建筑物、主要施工机械设备及其他重要设施。

3.加强防护措施，防止飞石破坏

对飞石的防护措施可根据被保护对象的特征和施工条件而异。在平地开挖宽度不大于4 m的沟槽，可采用拱式或壳式覆盖；挡板式覆盖的架设拆除费时费工，要求架设在高于爆破对象的天然或人工支承上，距爆破表面0.3 ~ 0.5 m；网式和链式覆盖多用于对房屋建筑的拆除爆破；浅孔爆破在孔口压土袋，大量爆破用填土覆盖被保护建筑物，对防止飞石破坏有明显效果。

（二）有害气体扩散、粉尘及噪声的防控

第一，炸药爆炸生成的各种有害气体，如一氧化碳、二氧化碳、二氧化硫和硫化氢等，在空气中的含量超过一定数值就会危及人身安全。空气中爆破有害气体浓度随扩散距离增加而渐减，直到许可标准，这段扩散距离可作为有害气体扩散的控制安全距离。爆破有害气体的许可量视有害气体种类不同而各异，可参考有关安全规程确定。

第二，爆破粉尘主要来源于钻孔爆破、装运和已散落在爆区地面的粉尘。研究表明，爆破粉尘生成量随岩土硬度增高而增加。爆破粉尘具有浓度高、扩散速度快、滞留时间长、颗粒小、质量轻、吸湿性好等特点。降低爆破粉尘一般采用以下措施：钻孔采用具有积尘设备钻机，爆破前采用水封进行填塞，爆前喷雾洒水等。

第三，爆破施工时产生的噪声主要是炸药在介质中爆炸所产生的能量向四周传播时形成的爆炸声，爆破噪声会危害人体健康。爆破噪声为间歇性脉冲噪声，在城镇爆破中每一个脉冲噪声应控制在120 dB以下。复杂环境条件下，噪声控制由安全评估来确定。爆破噪声控制须从声源、传播途径和接受者三个环节采取有效措施加以控制。

（三）拒爆及其处理

通过引爆而未能爆炸的药包称为瞎炮或拒爆。拒爆不仅达不到预期的爆破效果，造成人力、物力、财力的浪费，而且会直接影响现场施工人员的人身安全，所以对瞎炮必须及时查明并加以处理。

造成瞎炮（拒爆）的原因主要是爆破材料的质量检查不严，起爆网路连接不良和网路电阻计算有误及堵塞炮泥操作时损坏起爆线路。例如雷管或炸药过期失效，非防水炸药受潮或浸水，引爆系统线路接触不良，起爆的电流电压不足等；另外，执行爆破作业的规章制度不严或操作不当也容易产生瞎炮。

爆破后，发现瞎炮（拒爆）应立即设置明显标志，并派专人监护，查明原因后进行处理。

1.浅孔爆破的拒爆处理

①经检查确认起爆网路完好时，可重新起爆。②可打平行孔装药爆破，平行孔距拒爆不应小于0.3 m；对于浅孔药壶法，平行孔距拒爆药壶边缘不应小于

0.5 m。为确定平行炮孔的方向，可从拒爆孔口掏出部分填塞物。③可用木、竹或其他不产生火花的材料制成工具，轻轻地将炮孔内填塞物掏出，用药包诱爆。④可在安全地点外用远距离操纵的风水喷管吹出拒爆填塞物及炸药，但应采取措施回收雷管。⑤处理非抗水硝铵炸药的拒爆，可将填塞物掏出，再向孔内注水，使其失效，但应回收雷管。⑥拒爆应在当班处理，当班不能处理或未处理完毕，应将拒爆情况（拒爆数目、炮孔方向、装药数量和起爆药包位置，处理方法和处理意见）在现场交接清楚，由下一班继续处理。

2.深孔爆破的拒爆处理

①爆破网路未受破坏，且最小抵抗线无变化者，可重新联线起爆；最小抵抗线有变化者，应验算安全距离，并加大警戒范围后，再联线起爆。②可在距拒爆孔口不少于10倍炮孔直径处另打平行孔装药起爆。爆破参数由爆破工程技术人员确定并经爆破领导人批准。③所用炸药为非抗水硝铵类炸药，且孔壁完好时，可取出部分填塞物向孔内灌水使之失效，然后做进一步处理。

3.洞室爆破的拒爆处理

①如能找出起爆网路的电线、导爆索或导爆管，经检查正常仍能起爆者，应重新测量最小抵抗线，重画警戒范围，联线起爆。②可沿竖井或平洞清除填塞物并重新敷设网路联线起爆，或取出炸药和起爆体。

4.水下炮孔爆破的拒爆处理

①因起爆网路绝缘不好或连接错误造成的拒爆，可重新联网起爆。②因填塞长度小于炸药的殉爆距离或全部用水填塞而造成的拒爆，可另装入起爆药包诱爆。③可在拒爆附近投入裸露药包诱爆。

第四节　钢筋工程施工

一、钢筋内场加工

（一）钢筋的除锈

钢筋由于保管不善或存放时间过久，就会受潮生锈。在生锈初期，钢筋表面呈黄褐色，称为水锈或色锈，这种水锈除在焊点附近必须清除外，一般可不处理；但是当钢筋锈蚀进一步发展，钢筋表面已形成一层锈皮，受锤击或碰撞可见其剥落，这种铁锈不能很好地和混凝土黏结，会影响钢筋和混凝土的握裹力，并且在混凝土中继续发展，需要清除。

钢筋除锈方式有三种：手工除锈，如钢丝刷、砂堆、麻袋砂包、砂盘等擦锈；除锈机械除锈；在钢筋的其他加工工序中除锈，如在冷拉、调直过程中除锈。

1.手工除锈

（1）钢丝刷擦锈

将锈钢筋并排放在工作台或木垫板上，分面轮换用钢丝刷擦锈。

（2）砂堆擦锈

将带锈钢筋放在砂堆上往返推拉，直至铁锈擦净为止。

（3）麻袋砂包擦锈

用麻袋包砂，将钢筋包裹在砂袋中，来回推拉擦锈。

（4）砂盘擦锈

在砂盘里装入掺20%碎石的干粗砂，把锈蚀的钢筋穿进砂盘两端的半圆形槽里来回冲擦，可除去铁锈。

2.机械除锈

除锈机由小功率电动机作为动力，带动圆盘钢丝刷的转动来清除钢筋上的铁锈。钢丝刷可单向或双向旋转。除锈机有固定式和移动式两种类型。

操作除锈机时应注意以下七点。①操作人员启动除锈机，将钢筋放平握紧，侧身送料，禁止在除锈机的正前方站人。钢筋与钢丝刷的松紧度要适当，过紧会使钢丝刷损坏，过松则影响除锈效果。②钢丝刷转动时不可在附近清扫锈屑。③严禁将已弯曲成型的钢筋在除锈机上除锈，弯度大的钢筋宜在基本调直后再进行除锈。在整根的长钢筋除锈时一般要由两人进行操作。两人要紧密配合，互相呼应。④对于有起层锈片的钢筋，应先用小锤敲击，使锈片剥落干净，再除锈。如钢筋表面的麻坑、斑点及锈皮已损伤钢筋的截面，则在使用前应鉴定是否降级使用或另做其他处理。⑤使用前应特别注意检查电气设备的绝缘及接地是否良好，以确保操作安全。⑥应经常检查钢丝刷的固定螺丝有无松动，转动部分的润滑情况是否良好。⑦检查封闭式防尘罩装置及排尘设备是否处于良好和有效状态，并按规定清扫防护罩中的锈尘。

（二）钢筋调直

钢筋在使用前必须经过调直，否则会影响钢筋受力，甚至会使混凝土提前产生裂缝。如未调直直接下料，会影响钢筋的下料长度，并影响后续工序的质量。

钢筋调直应符合下列三个要求。①钢筋的表面应洁净，使用前应无表面油渍、漆皮、锈皮等。②钢筋应平直，无局部弯曲，钢筋中心线同直线的偏差不超过其全长的1%。成盘的钢筋或弯曲的钢筋均应调直后才允许使用。③钢筋调直后其表面伤痕不得使钢筋截面积减少5%以上。

1.人工调直

（1）钢丝的人工调直

冷拔低碳钢丝经冷拔加工后塑性下降，硬度增高，用一般人工平直方法调直较困难，因此一般采用机械调直的方法。但在工程量小、缺乏设备的情况下，可以采用蛇形管或夹轮牵引调直。

蛇形管是用长40～50 cm、外径2 cm的厚壁钢管（或用外径2.5 cm钢管内衬弹簧圈）弯曲成蛇形，钢管内径稍大于钢丝直径，蛇形管四周钻小孔，钢丝拉拔时可使锈粉从小孔中排出。管两端连接喇叭进出口，将蛇形管固定在支架上，需要调直的钢丝穿过蛇形管，用人力向前牵引，即可将钢丝基本调直，局部弯曲处可用小锤加以平直。

（2）盘圆钢筋人工调直

直径10 mm以下的盘圆钢筋可用绞磨拉直，先将盘圆钢筋搁在放圈架上，人工将钢筋拉到一定长度切断，分别将钢筋两端夹在地锚和绞磨的夹具上，推动绞磨，即可将钢筋拉直。

（3）粗钢筋人工调直

直径10 mm以上的粗钢筋是直条状，在运输和堆放过程中易造成弯曲，其调直方法是：根据具体弯曲情况将钢筋弯曲部位放于工作台的扳柱间，利用手工扳子将钢筋弯曲基本矫直。也可手持直段钢筋处作为力臂，直接将钢筋弯曲处放在扳柱间扳直，然后将基本矫直的钢筋放在铁砧上，用大锤敲直。

2.机械调直

钢筋的机械调直可用钢筋调直机、弯筋机、卷扬机等调直。钢筋调直机用于圆钢筋的调直和切断，并可清除其表面的氧化皮和污迹。目前常用的钢筋调直机有 GT16/4、GT3/8、GT6/12、GT10/16。此外，还有一种数控钢筋调直切断机，利用光电管进行调直、输送、切断、除锈等功能的自动控制。

（三）钢筋切断

钢筋切断前应做好以下三项准备工作。①汇总当班所要切断的钢筋料牌，将同规格（同级别、同直径）的钢筋分别统计，按不同长度进行长短搭配，一般情况下先断长料，后断短料，以尽量减少短头，减少损耗。②检查测量长度所用工具或标志的准确性，在工作台上有量尺刻度线的，应事先检查定尺卡板的牢固和可靠性。在断料时应避免用短尺量长料，防止在量料中产生累计误差。③对根数较多的批量切断任务，在正式操作前应试切 2 ~ 3 根，以检验长度的准确性。

钢筋切断有手工切断、机械切断、氧气切割三种方法。直径大于 40 mm 的钢筋一般用氧气切割。

1.手工切断

手工切断的工具有以下四种。

（1）断线钳

断线钳是定型产品，按其外形长度可分为 450 mm、600 mm、750 mm、900 mm、1050 mm 五种，最常用的是 600 mm。断线钳用于切断直径为 5 mm 以下的钢丝。

（2）手动液压钢筋切断机

它由滑轨、活塞、储油筒、回位弹簧及缸体等组成，能切断直径 16 mm 以下的钢筋、直径 25 mm 以下的钢绞线。这种机具具有体积小、重量轻、操作简单、便于携带的特点。

手动液压钢筋切断机操作时把放油阀按顺时针方向旋紧，揪起压杆使柱塞提升，吸油阀被打开，工作油进入油室；提升压杆，工作油便被压缩进入缸体内腔，压力油推动活塞前进，安装在活塞前部的刀片即可断料。切断完毕后立即按逆时针方向旋开放油阀，在回位弹簧的作用下，压力油又流回油室，刀头自动缩回缸内。如此重复动作，进行切断钢筋操作。

（3）手压切断器

手压切断器用于切断直径 16 mm 以下的 HPB300 级钢筋。手压切断器由固定刀片、活动刀片、底座、手柄等组成，固定刀片连接在底座上，活动刀片通过几个轴（或齿轮）以杠杆原理加力来切断钢筋。当钢筋直径较大时可适当加长手柄。

（4）克子切断器

克子切断器用于钢筋加工量少或缺乏切断设备的场合。使用时将下克插在铁贴的孔里，把钢筋放在下克槽里，上克边紧贴下克边，用大锤敲击上克使钢筋切断。

手工切断工具如没有固定基础，在操作过程中可能发生移动，因此采用卡板作为控制切断尺寸的标志。而大量切断钢筋时，就必须经常复核断料尺寸是否准确，特别是一种规格的钢筋切断量很大时，更应在操作过程中经常检查，避免刀口和卡板间距离发生移动，引起断料尺寸错误。

2.机械切断

钢筋切断机是用来把钢筋原材料或已调直的钢筋切断，其主要类型有机械式、液压式和手持式钢筋切断机。机械式钢筋切断机有偏心轴立式、凸轮式和曲柄连杆式等钢筋切断机。

偏心轴立式钢筋切断机由电动机、齿轮传动系统、偏心轴、压料系统、切断刀及机体部件等组成。一般用于钢筋加工生产线上。由一台功率为 3 kW 的电动机通过一对皮带轮驱动飞轮轴，再经三级齿轮减速后，通过转键离合器驱动偏心轴，实现动刀片往复运动与定刀片配合切断钢筋。

曲柄连杆式钢筋切断机有分开式、半开式及封闭式三种，它主要由电动机、曲柄连杆机构、偏心轴、传动齿轮、减速齿轮及切断刀等组成。曲柄连杆式钢筋切断机由电动机驱动三角皮带轮，通过减速齿轮系统带动偏心轴旋转。偏心轴上的连杆带动滑块和活动刀片在机座的滑道中做往复运动，再配合机座上的固定刀片切断钢筋。

操作钢筋切断机应注意以下六点。①被切钢筋应先调直后才能切断。②在断短料时，不用手扶的一端应用 1 m 以上长度的钢管套压。③切断钢筋时，操作者的手只准握在靠边一端的钢筋上，禁止使用两手分别握在钢筋的两端剪切。④向切断机送料时，要注意：第一，钢筋要摆直，不要将钢筋弯成弧形；第二，操作者要将钢筋握紧；第三，应在冲切刀片向后退时送进钢筋，如来不及送料，要等下一次退刀时再送料，否则可能发生人身安全或设备事故；第四，切断 30 cm 以下的短钢筋时，不能用手直接送料，可用钳子将钢筋夹住送料；第五，机器运转时，不得进行任何修理、校正或取下防护等动作，不得触及运转部位，严禁将手放在刀片切断位置，铁屑、铁末不得用手抹或嘴吹，一切清洁扫除应停机后进行；第六，禁止切断规定范围外的材料、烧红的钢筋及超过刀刃硬度的材料；第七，操作过程中如发现机械运转不正常，或有异常响声，或者刀片离合不好等情况，要立即停机，并进行检查、修理。⑤电动液压式钢筋切断机须注意：第一，检查油位及电动机旋转方向是否正确；第二，先松开放油阀，空载运转 2 min 排掉缸体内空气，然后拧紧。手握钢筋稍微用力将活塞刀片拨动一下，给活塞以压力，即可进行剪切工作。⑥手动液压式钢筋切断机须注意：第一，使用前应将放油阀按顺时针方向旋紧，切断完毕后，立即按逆时针方向旋开；第二，在准备工作完毕后，拔出柱销，拉开滑轨，将钢筋放在滑轨圆槽中，合上滑轨，即可剪切。

（四）钢筋弯曲成型

1.画线

钢筋弯曲前，对形状复杂的钢筋（如弯起钢筋），根据钢筋料牌上标明的尺寸，用石笔将各弯曲点位置画出。画线时应注意以下三点。①根据不同的弯曲角度扣除弯曲调整值，其扣法是从相邻两段长度中各扣一半。②钢筋端部带半圆弯钩时，该段长度画线时增加 0.5 d（d 为钢筋直径）。③画线工作宜从钢筋中线开始向两边进行；两边不对称的钢筋，也可从钢筋一端开始画线，如画到另一端有出入时，则应重新调整。

2.钢筋的弯曲成型

钢筋弯曲成型要求加工的钢筋形状正确，平面上没有翘曲不平的现象，便于绑扎安装。

钢筋弯曲成型有手工弯曲成型和机械弯曲成型两种方法。

（1）手工弯曲成型

加工工具及装置：

①工作台。弯曲钢筋的工作台，台面尺寸约为 600 cm×80 cm（长×宽），高度为 80～90 cm。工作台要求稳固牢靠，避免在工作时发生晃动。

②手摇板。手摇板是弯曲盘圆钢筋的主要工具。一种是用来弯制 12 mm 以下的单根钢筋；另一种是用来弯制 8 mm 以下的多根钢筋，一次可弯制 4～8 根，主要适宜弯制箍筋。手摇板为自制，由一块钢板底盘和扳柱、扳手组成。扳手

长度为30～50 cm，可根据弯制钢筋直径适当调节，扳手用14～18 mm钢筋制成，扳柱直径为16～18 mm，钢板底盘厚4～6 mm。操作时将底盘固定在工作台上，底盘面与台面相平。如果使用钢制工作台，挡板、扳柱可直接固定在台面上。

③卡盘。卡盘是弯粗钢筋的主要工具之一，它由一块钢板底盘和扳柱组成。底盘约厚12 mm，固定在工作台上；扳柱直径应根据所弯制钢筋来选择，为20～25 mm。

卡盘有两种型式：一种是在一块钢板上焊4根扳柱，水平方向净距为100 mm，垂直方向净距为34 mm，可弯制32 mm以下的钢筋，但在弯制28 mm以下的钢筋时，在后面两根扳柱上要加不同厚度的钢套；另一种是在一块钢板上焊三根扳柱，扳柱的两条斜边净距为100 mm，底边净距为80 mm，这种卡盘无须配备不同厚度的钢套。

④钢筋扳子。钢筋扳子有横口扳子和顺口扳子两种，它主要和卡盘配合使用。横口扳子又有平头和弯头两种，弯头横口扳子仅在绑扎钢筋时纠正某些钢筋形状或位置时使用，常用的是平头横口扳子。当弯制直径较粗钢筋时，可在扳子柄上接上钢管，加长力臂省力。钢筋扳子的扳口尺寸要比弯制钢筋大2 mm较为合适，过大会影响弯制形状的正确。

手工弯制作业：

①准备工作。熟悉要进行弯曲加工钢筋的规格、形状和各部分尺寸，确定弯曲操作的步骤和工具。确认弯曲顺序，避免在弯曲时将钢筋反复掉转，影响工效。

②画线。一般画线方法是在画弯曲钢筋分段尺寸时，将不同角度的长度调整值在弯曲操作方向相反的一侧长度内扣除，画上分段尺寸线，这条线称为弯曲点线，根据这条线并按规定方法弯曲后，钢筋的形状和尺寸与图纸要求的基本相符。当形状比较简单或同一形状根数较多的钢筋进行弯曲时，可以不画线，而在工作台上按各段尺寸要求固定若干标志，按标志操作。

③试弯。在成批钢筋弯曲操作之前，各种类型的弯曲钢筋都要试弯一根，然后检查其弯曲形状、尺寸是否和设计要求相符；并校对钢筋的弯曲顺序、画线、所定的弯整后，再进行批量生产。

④弯曲成型。在钢筋开始弯曲前，应注意扳距和弯曲点线、扳柱之间的关系。为了保证钢筋弯曲形状正确，使钢筋弯曲圆弧有一定弯曲率，且在操作时扳

子端部不碰到扳柱，扳子和扳柱间必须有一定的距离，这段距离称为扳距。

（2）机械弯曲

钢筋弯曲机有机械钢筋弯曲机、液压钢筋弯曲机和钢筋弯箍机等几种。机械式钢筋弯曲机按工作原理分为齿轮式及蜗轮蜗杆式钢筋弯曲机两种。蜗轮蜗杆式钢筋弯曲机由电动机、工作盘、插入座、蜗轮、蜗杆、皮带轮、齿轮及滚轴等组成。也可在底部装设行走轮，便于移动。弯曲钢筋在工作盘上进行，工作盘的底面与蜗轮轴连在一起，盘面上有9个轴孔，中心的1个孔插中心轴，周围的8个孔插成型轴或轴套。工作盘外的插入孔上插有挡铁轴。它由电动机带动三角皮带轮旋转，皮带轮通过齿轮传动蜗轮蜗杆，再带动工作盘旋转。当工作盘旋转时，中心轴和成型轴都在转动，由于中心轴在圆心上，圆盘虽在转动，但中心轴位置并没有移动；而成型轴却围绕着中心轴做圆弧转动。如果钢筋一端被挡铁轴阻止自由活动，那么钢筋就被成型轴绕着中心轴进行弯曲。通过调整成型轴的位置，可将钢筋弯曲成所需要的形状。改变中心轴的直径（16 mm、20 mm、25 mm、35 mm、45 mm、60 mm、75 mm、85 mm、100 mm），可保证不同直径的钢筋所需的不同的弯曲半径。

齿轮式钢筋弯曲机主要由电动机、齿轮减速箱、皮带轮、工作盘、滚轴、夹持器、转轴及控制配电箱等组成。齿轮式钢筋弯曲机，由电动机通过三角皮带轮或直接驱动圆柱齿轮减速，带动工作盘旋转。工作盘左、右两个插入座可通过调节手轮进行无级调节，并与不同直径的成型轴及挡料轴配合，把钢筋弯曲成各种不同规格。当钢筋被弯曲到预先确定的角度时，限位销触到行程开关，电动机自动停机、反转、回位。

二、钢筋接头的连接

钢筋的接头连接有焊接和机械连接两类。常用的钢筋焊接机械有电阻焊接机、电弧焊接机等。钢筋机械连接方法主要有钢筋套筒挤压连接、锥螺纹套筒连接等。

（一）钢筋焊接

采用焊接代替绑扎，可改善结构受力性能，提高工效，节约钢材，降低成本。结构的有些部位，如轴心受拉和小偏心受拉构件中的钢筋接头，应焊接。普通混凝土中直径大于22 mm的钢筋和轻骨料混凝土中直径大于25 mm的HRB400级钢筋，均宜采用焊接接头。

钢筋的焊接，应采用闪光对焊、电弧焊。钢筋与钢板的T形连接，宜采用电弧焊。钢筋焊接的接头形式、焊接工艺和质量验收，应符合《钢筋焊接及验收规程》的规定。

钢筋的焊接质量与钢材的可焊性、焊接工艺有关。在相同的焊接工艺条件下，能获得良好的焊接质量钢材，称其在这种条件下的可焊性好，相反则称其在这种工艺条件下的可焊性差。钢筋的可焊性与其含碳及含合金元素的数量有关。含碳、含锰数量增加，则可焊性差；加入适量的钛，可改善焊接性能。焊接参数和操作水平也影响焊接质量，即使可焊性差的钢材，若焊接工艺适宜，亦可获得良好的焊接质量。

1.钢筋点焊

电阻点焊主要用于焊接钢筋网片、钢筋骨架等（适用于直径6～14 mm的HPB300级钢筋和直径3～5 mm的冷拔低碳钢丝），它生产效率高，节约材料，应用广泛。

电阻点焊的工作原理：将已除锈的钢筋交叉点放在点焊机的两电极之间，使钢筋通电加热至一定温度后，加压使焊点金属焊合。常用的点焊机有单点点焊机、多点点焊机和悬挂式点焊机，施工现场还可采用手提式点焊机。电阻点焊的主要工艺参数为电流强度、通电时间和电极压力。电流强度和通电时间一般宜采用电流强度大、通电时间短的参数，电极压力则根据钢筋级别和直径选择。

电阻点焊的焊点应进行外观检查和强度试验，热轧钢筋的焊点应进行抗剪试验。冷处理钢筋除进行抗剪试验外，还应进行抗拉试验。

点焊时，将表面清理好的钢筋叠合在一起，放在两个电极之间预压夹紧，使两根钢筋交接点紧密接触。当踏下脚踏板时，带动压紧机使上电极压紧钢筋，同时断路器也接通电路，电流经变压器次级线圈引到电极，接触点处在极短的时间内产生大量的电阻热，使钢筋加热到熔化状态，在压力作用下两根钢筋交叉焊接在一起。当放松脚踏板时，电极松开，断路器随着杠杆下降，断开电路，点焊结束。

2.钢筋闪光对焊

闪光对焊广泛用于钢筋接长及预应力钢筋与螺丝端杆的焊接。热轧钢筋的焊接宜优先用闪光对焊，条件不具备时才用电弧焊。

钢筋闪光对焊是利用对焊机使两段钢筋接触，通过低电压的强电流，待钢筋被加热到一定温度变软后，进行轴向加压顶锻，形成对焊接头。钢筋闪光对焊焊接工艺应根据具体情况选择：钢筋直径较小，可采用连续闪光焊；钢筋直径较大，端面比较平整，宜采用预热闪光焊；端面不够平整，宜采用闪光–预热–闪光焊。

（1）连续闪光焊

这种焊接工艺过程是将钢筋夹紧在电极钳口上后，闭合电源，使两钢筋端面轻微接触。由于钢筋端部不平，开始只有一点或数点接触，接触面小而电流密度和接触电阻很大。接触点很快熔化并产生金属蒸气飞溅，形成闪光现象。闪光一开始，即徐徐移动钢筋，形成连续闪光过程，同时接头也被加热。待接头烧平、闪去杂质和氧化膜、白热熔化时，随即施加轴向压力迅速进行顶锻，使两根钢筋焊牢。

（2）预热闪光焊

施焊时先闭合电源然后使两钢筋端面交替地接触和分开。这时钢筋端面间隙中即发出断续的闪光，形成预热过程。当钢筋达到预热温度后进入闪光阶段，随后顶锻而成。

（3）闪光–预热–闪光焊

在预热闪光焊前加一次闪光过程。目的是使不平整的钢筋端面烧化平整。使预热均匀，然后按预热闪光焊操作。

焊接大直径的钢筋（直径25 mm以上），多用预热闪光焊与闪光–预热–闪光焊。采用连续闪光焊时，应合理选择调伸长度、烧化留量、顶锻留量及变压器级数等；采用闪光–预热–闪光焊时，除上述参数外，还应包括一次烧化留量、二次烧化留量、预热留量和预热时间等参数。焊接不同直径的钢筋时，其截面比不宜超过1.5。焊接参数按大直径的钢筋选择。负温下焊接时，由于冷却快，易产生冷脆现象，内应力也大。为此，负温下焊接应减小温度梯度和冷却速度。

钢筋闪光对焊后，除对接头进行外观检查（无裂纹和烧伤，接头弯折不大于4°，接头轴线偏移不大于1/10的钢筋直径，也不大于2 mm）外，还应按《钢筋焊接及验收规程》的规定进行抗拉强度和冷弯试验。

3.电弧焊接

钢筋电弧焊是以焊条作为一极，钢筋为另一极，利用焊接电流通过产生的电弧热进行焊接的一种爆焊方法。电弧焊具有设备简单、操作灵活、成本低等特点，且焊接性能好，但工作条件差、效率低。适用于构件厂内和施工现场焊接碳素钢、低合金结构钢、不锈钢、耐热钢和对铸铁的补焊，可在各种条件下进行各种位置的焊接。电弧焊又分为手弧焊、埋弧压力焊等。

（1）手弧焊

手弧焊是利用手工操纵焊条进行焊接的一种电弧焊。手弧焊用的焊机有交流弧焊机（焊接变压器）、直流弧焊机（焊接发电机）等。手弧焊用的焊机是一台额定电流500 A以下的弧焊电源（交流变压器或直流发电机），辅助设备有焊钳、焊接电缆、面罩、敲渣锤、钢丝刷和焊条保温筒等。

电弧焊是利用弧焊机使焊条与焊件之间产生高温电弧，使焊条和电弧燃烧范围内的焊件熔化，待其凝固，便形成焊缝或接头。钢筋电弧焊可分为帮条焊、搭接焊、坡口焊三种接头形式。

①帮条焊接头。适用于焊接直径10～40 mm的各级热轧钢筋。帮条宜采用与主筋同级别、同直径的钢筋制作。如帮条级别与主筋相同时，帮条的直径可比主筋直径小一个规格；如帮条直径与主筋相同时，帮条钢筋的级别可比主筋低一个级别。

②搭接焊接头。只适用于焊接直径10～40 mm的HPB300级钢筋。焊接时，宜采用双面焊。不能进行双面焊时，也可采用单面焊。搭接长度应与帮条长度相同。

钢筋帮条接头或搭接接头的焊缝厚度h应不小于0.3倍钢筋直径，焊缝宽度不小于0.7倍钢筋直径。

③坡口焊接头。有平焊和立焊两种。这种接头比上两种接头节约钢材，适用于在现场焊接装配整体式构件接头中直径18～40 mm的各级热轧钢筋。钢筋坡口平焊时，V形坡口角度为60°；坡口立焊时，坡口角度为45°。钢垫板长为40～60 mm。平焊时，钢垫板宽度为钢筋直径加10 mm；立焊时，其宽度等于钢筋直径。钢筋根部间隙，平焊时为4～6 mm，立焊时为3～5 mm。最大间隙均不宜超过10 mm。

焊接电流的大小应根据钢筋的直径和焊条的直径进行选择。

帮条焊、搭接焊和坡口焊的焊接接头，除应进行外观质量检查外，也须抽样做拉力试验。如对焊接质量有怀疑或发现异常情况，还应进行非破损方式（X射线、γ射线、超声波探伤等）检验。

（2）埋弧压力焊

埋弧压力焊是将钢筋与钢板安放成T形，利用焊接电流通过时在焊剂层下产生电弧，形成熔池，加压完成的一种压力焊方法。具有生产效率高、质量好等优点，适用于各种预埋件、T形接头、钢筋与钢板的焊接。预埋件钢筋压力焊适用于热轧直径6～25 mm HPB300级钢筋的焊接，钢板为普通碳素钢，厚度为6～20 mm。

在埋弧压力焊时，钢筋与钢板之间引燃电弧之后，由于电弧作用使局部用材及部分焊剂熔化和蒸发，蒸发气体形成了一个空腔，空腔被熔化的焊剂所形成的熔渣包围，焊接电弧就在这个空腔内燃烧。在焊接电弧热的作用下，熔化的钢筋端部和钢板金属形成焊接熔池。待钢筋整个截面均匀加热到一定温度，将钢筋向下顶压，随即切断焊接电源，冷却凝固后形成焊接接头。

（二）钢筋机械连接

钢筋机械连接常用挤压连接和锥套管螺纹连接两种形式，是近年来大直径钢筋现场连接的主要方法。

1.钢筋挤压连接

钢筋挤压连接也称钢筋套筒冷压连接。它是将须连接的变形钢筋插入特制钢套筒内，利用液压驱动的挤压机进行径向或轴向挤压，使钢套筒产生塑性变形，使它紧紧咬住变形钢筋实现连接。它适用于竖向、横向及其他方向的较大直径变形钢筋的连接。与焊接相比，它具有节省电能、不受钢筋可焊性能的影响、不受气候影响、无明火、施工简便和接头可靠度高等特点。

钢筋挤压连接的工艺参数，主要是压接顺序、压接力和压接道数。压接顺序从中间逐道向两端压接。压接力要能保证套筒与钢筋紧密咬合，压接力和压接道数取决于钢筋直径、套筒型号和挤压机型号。

2.钢筋套管螺纹连接

钢筋套管螺纹连接分锥套管和直套管螺纹两种形式。钢套管内壁用专用机床加工有螺纹，钢筋的对端头也在套丝机上加工和套管匹配的螺纹。连接时，在对

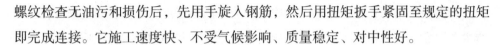

螺纹检查无油污和损伤后，先用手旋入钢筋，然后用扭矩扳手紧固至规定的扭矩即完成连接。它施工速度快、不受气候影响、质量稳定、对中性好。

3.直螺纹钢筋连接

其原理为：通过滚轮将钢筋端头部分压圆并一次性滚出螺纹和套筒通过螺纹连接形成的钢筋机械接头。直螺纹钢筋连接工艺流程为：确定滚丝机位置→钢筋调直、切割机下料→丝头加工→丝头质量检查（套丝帽保护）→用机械扳手进行套筒与丝头连接→接头连接后质量检查→钢筋直螺纹接头送检。

钢筋丝头加工步骤如下。①按钢筋规格所需的调整试棒调整好滚丝头内孔最小尺寸。②按钢筋规格更换涨刀环，并按规定的丝头加工尺寸调整好剥肋直径尺寸。③调整剥肋挡块及滚压行程开关位置，保证剥肋及滚压螺纹的长度符合丝头加工尺寸的规定。④钢筋丝头长度的确定。确定原则：以钢筋连接套筒长度的一半为钢筋丝扣长度，由于钢筋的开始端和结束端存在不完整丝扣，初步确定钢筋丝扣的有效长度。允许偏差为 $0 \sim 2P$（P为螺距），施工中按 $0 \sim 1P$ 控制。

三、钢筋的冷拉

钢筋的冷加工有冷拉、冷拔、冷轧三种形式。这里仅介绍钢筋的冷拉。

（一）冷拉机械

常用的冷拉机械有阻力轮式、卷扬机式、丝杠式、液压式等钢筋冷拉机。

1.阻力轮式钢筋冷拉机

阻力轮式冷拉机由支承架、阻力轮、电动机、变速箱、绞轮等组成。主要适用于冷拉直径为 $6 \sim 8$ mm 的盘圆钢筋，冷拉率为 $6\% \sim 8\%$。若与两台调直机配合使用，可加工出所需长度的冷拉钢筋。阻力轮式冷拉机，是利用一个变速箱，其出头轴装有绞轮，由电动机带动变速箱高速轴，使绞轮随着变速箱低速轴一同旋转，强力使钢筋通过4个（或6个）不在一条直线上的阻力轮，将钢筋拉长。绞轮直径一般为550 mm。阻力轮是固定在支承架上的滑轮，直径为100 mm，其中一个阻力轮的高度可以调节，以便改变阻力大小，控制冷拉率。

2.卷扬机式钢筋冷拉机

卷扬机式钢筋冷拉工艺是目前普遍采用的冷拉工艺。它具有适应性强，可按要求调节冷拉率和冷拉控制应力；冷拉行程大，不受设备限制，可适应冷拉不同长度和直径的钢筋；设备简单、效率高、成本低等特点。卷扬机式钢筋冷拉机构造主要由卷扬机、滑轮组、地锚、导向滑轮、夹具和测力装置等组成。工作时，由于卷筒上传动钢丝绳是正、反穿绕在两副动滑轮组上，因此当卷扬机旋转时，夹持钢筋的一副动滑轮组被拉向卷扬机，使钢筋被拉伸；而另一副动滑轮组则被拉向导向滑轮，为下次冷拉时交替使用。钢筋所受的拉力经传力杆、活动横梁传送给测力装置，从而测出拉力的大小。对于拉伸长度，可通过标尺直接测量或用行程开关来控制。

（二）冷拉钢筋作业

①钢筋冷拉前，应先检查钢筋冷拉设备的能力和冷拉钢筋所需的吨位值是否相适应，不允许超载冷拉。特别是用旧设备拉粗钢筋时应特别注意。②为确保冷拉钢筋的质量，钢筋冷拉前，应对测力器和各项冷拉数据进行校核，并做好记录。③冷拉钢筋时，操作人员应站在冷拉线的侧向，操作人员应在统一指挥下进行冷拉。④在冷拉过程中，应随时注意限制信号，当看到停车信号或见到有人误入危险区时，应立即停车，并稍微放松钢丝绳。在作业过程中，严禁横向跨越钢丝绳。⑤冷拉钢筋时，无论是拉紧还是放松，均应缓慢和均匀地进行，绝不能时快时慢。⑥冷拉钢筋时，如遇焊接接头被拉断，可重新焊接后再拉，但一般不得超过两次。

四、钢筋的绑扎与安装

建基面终验清理完毕或施工缝处理完毕养护一定时间，混凝土强度达到2.5 MPa后，即进行钢筋的绑扎与安装作业。

钢筋的安设方法有两种：一种是将钢筋骨架在加工厂制好，再运到现场安装，叫整装法；另一种是将加工好的散钢筋运到现场，再逐根安装，叫散装法。

（一）钢筋的绑扎接头

根据施工规范规定：直径在25 mm以下的钢筋接头，可采用绑扎接头。轴心受压构件、小偏心受拉构件和承受振动荷载的构件中，钢筋接头不得采用绑扎接头。

采用钢筋绑扎应遵守以下规定：①受拉区域内的光面钢筋绑扎接头的末端，

应做弯钩。②梁、柱钢筋的接头，如采用绑扎接头，则在绑扎接头的搭接长度范围内应加密箍筋。当搭接钢筋为受拉钢筋时，箍筋间距不应大于5d（d为两搭接钢筋中较小的直径）；当搭接钢筋为受压钢筋时，箍筋间距不应大于10d。

钢筋接头应分散布置，配置在同一截面内的受力钢筋，其接头的截面积占受力钢筋总截面积的比例应符合下列要求：①绑扎接头在构件的受拉区中不超过25%，在受压区中不超过50%。②焊接与绑扎接头距钢筋弯起点不小于10d，也不位于最大弯矩处。③在施工中如分辨不清受拉、受压区时，其接头设置应按受拉区的规定。④两根钢筋相距在30d或50cm以内，两绑扎接头的中间距离在绑扎搭接长度以内，均作同一截面。

直径不大于12 mm的受压HPB300级钢筋的末端，以及轴心受压构件中任意直径的受力钢筋的末端，可不做弯钩，但搭接长度不应小于30 d。

（二）钢筋的现场绑扎

1.准备工作

（1）熟悉施工图纸

通过熟悉图纸，一方面校核钢筋加工中是否有遗漏或误差；另一方面也可以检查图纸中是否存在与实际情况不符的地方，以便及时改正。

（2）核对钢筋加工配料单和料牌

在熟悉施工图纸的过程中，应核对钢筋加工配料单和料牌，并检查已加工成型的成品的规格、形状、数量、间距是否和图纸一致。

（3）确定安装顺序

钢筋绑扎与安装的主要工作内容包括放样画线、排筋绑扎、垫撑铁和保护层垫块、检查校正及固定预埋件等。为保证工程顺利进行，在熟悉图纸的基础上，要考虑钢筋绑扎的安装顺序。板类构件排筋顺序一般先排受力钢筋后排分布钢筋；梁类构件一般先排纵筋（摆放有焊接接头和绑扎接头的钢筋应符合规定），再排箍筋，最后固定。

（4）做好材料、机具的准备

钢筋绑扎与安装的主要材料、机具包括钢筋钩、吊线垂球、木水平尺、麻线、长钢尺、钢卷尺、扎丝、垫保护层用的砂浆垫块或塑料卡、撬杆、绑扎架等。对于结构较大或形状较复杂的构件，为了固定钢筋还需一些钢筋支架、钢筋支撑等。

（5）放线

放线要从中心点开始向两边量距放点，定出纵向钢筋的位置。水平筋的放线可放在纵向钢筋或模板上。

2.钢筋的绑扎

钢筋的绑扎应顺直均匀、位置正确。钢筋绑扎的操作方法有一面顺扣法、十字花扣法、反十字扣法、兜扣法、缠扣法、兜扣加缠法、套扣法等，较常用的是一面顺扣法。

一面顺扣法的操作步骤是：将已切断的扎丝在中间折合成180°弯，然后将扎丝整理整齐。绑扎时，执在左手的扎丝应靠近钢筋绑扎点的底部，右手拿住钢筋钩，食指压在钩前部，用钩尖端钩住扎丝底扣处，并紧靠扎丝开口端，绕扎丝拧转两圈半。在绑扎时扎丝扣伸出钢筋底部要短，并用钩尖将铁丝扣紧。

为防止钢筋网（骨架）发生歪斜变形，相邻绑扎点的绑扣应采用8字形扎法。

第四章　土石坝与混凝土坝施工

第一节　土石坝施工

一、土石方开挖

开挖和运输是土方工程施工的两项主要过程，承担这两项过程施工的机械是各类挖掘机械、挖运组合机械和运输机械。

（一）挖掘机械

挖掘机械的作用主要是完成挖掘工作，并将所挖土料卸在机身附近或装入运输工具中。挖掘机械按工作机构可分为单斗式和多斗式两类。

1.单斗式挖掘机

单斗式挖掘机由工作装置、行驶装置和动力装置等组成。工作装置有正向铲、反向铲、索铲和抓铲等。工作装置可用钢索或液压操作。行驶装置一般为履带式或轮胎式。动力装置可分为内燃机拖动、电力拖动和复合式拖动等几种类型。

①正向铲挖掘机。该种挖掘机，由推压和提升完成挖掘，开挖断面是弧形，最适用于挖停机面以上的土方，也能挖停机面以下的浅层土方。由于稳定性好，铲土能力大，可以挖各种土料及软岩、岩渣进行装车。它的特点是循环式开挖，由挖掘、回转、卸土、返回构成一个工作循环，生产率的大小取决于铲斗大小和循环时间的长短。正向铲的斗容从 $5 \mathrm{~m}^3$ 至几十立方米，工程中常用 $1 \sim 4 \mathrm{~m}^3$。基坑土方开挖常采用正面开挖，土料场及渠道土方开挖常用侧面开挖，还要考虑与运输工具的配合问题。

正向铲挖掘机施工时应注意以下几点：为了操作安全，使用时应将最大挖掘高度、挖掘半径值减少5%～10%；在挖掘黏土时，工作面高度宜小于最大挖土半径时的挖掘高度，以防止出现土体倒悬现象；为了发挥挖掘机的生产效率，工作面高度应不低于挖掘一次即可装满铲斗的高度。

挖掘机的工作面称为掌子面，正向铲挖掘机主要用于停机面以上的掌子面开挖。根据掌子面布置的不同，正向铲挖掘机有不同的作业方式。

正向挖土，侧向卸土：挖掘机沿前进方向挖土，运输工具停在它的侧面装土（可停在停机面或高于停机面上）。这种挖掘运输方式在挖掘机卸土时，动臂回转角度很小，卸料时间较短，挖运效率较高，施工中应尽量布置成这种施工方式。

正向挖土，后方卸土：挖掘机沿前进方向挖土，运输工具停在它的后面装土。卸土时挖掘机动臂回转角度大，运输车辆须倒退对位，运输不方便，生产效率低。适用于开挖深度大、施工场地狭小的场合。

②反向铲挖掘机。反向铲挖掘机为液压操作方式时，适用于停机面以下土方开挖。挖土时后退向下，强制切土，挖掘力比正向铲挖掘机小，主要用于小型基坑、沟渠、基槽和管沟开挖。反向铲挖土时，可用自卸汽车配合运土，也可直接弃土于坑槽附近。由于稳定性及铲土能力均比正向铲差，只用来挖Ⅰ～Ⅱ级土，硬土要先进行预松。反向铲的斗容有 0.5 m^3、1.0 m^3、1.6 m^3 几种，目前最大斗容已超过 3 m^3。

反向铲挖掘机工作方式分为以下两种。

第一种，沟端开挖。挖掘机停在基坑端部，后退挖土，汽车停在两侧装土。

第二种，沟侧开挖。挖掘机停在基坑的一侧移动挖土，可用汽车配合运土，也可将土卸于弃土堆。由于挖掘机与挖土方向垂直，挖掘机稳定性较差，而且挖土的深度和宽度均较小，故这种开挖方法只是在无法采用沟端开挖或不须将弃土运走时采用。

③索铲挖掘机。索铲挖掘机的铲斗用钢索控制，利用臂杆回转将铲斗抛至较远距离，回拉牵引索，靠铲斗自重下切装满铲斗，然后回转装车或卸土。由于挖掘半径、卸土半径、卸土高度较大，最适用于水下土砂及含水量大的土方开挖，在大型渠道、基坑及水下砂卵石开挖中应用广泛。开挖方式有沟端开挖和沟侧开挖两种。当开挖宽度和卸土半径较小时，用沟端开挖；当开挖宽度大，卸土距离远时，用沟侧开挖。

④抓铲挖掘机。抓铲挖掘机靠铲斗自由下落中斗瓣分开切入土中，抓取土料合瓣后提升，回转卸土。其适用于挖掘窄深型基坑或沉井中的水下淤泥，也可用于散粒材料装卸，在桥墩等柱坑开挖中应用较多。

2.多斗式挖掘机

多斗式挖掘机是一种连续作业式挖掘机械，按构造不同，可分为链斗式和斗轮式两类。链斗式是由传动机械带动，固定在传动链条上的土斗进行挖掘的，多用于挖掘河滩及水下砂砾料；斗轮式是用固定在转动轮上的土斗进行挖掘的，多用于挖掘陆地上的土料。

（1）链斗式采砂船

链斗式采砂船，水利水电工程中常用的国产采砂船有120 m³和250 m³两种，采砂船是无自航能力的砂砾石采掘机械：当远距离移动时，须靠拖轮拖带；近距离移动时（如开采时移动），可借助船上的绞车和钢丝绳移动。其配合的运输工具一般采用轨距为1435 mm和762 mm的机车牵引矿斗车（河滩开采）或与砂驳船（河床水下开采）配合使用。

（2）斗轮式挖掘机

斗轮式挖掘机的斗轮装在可仰俯的斗轮臂上，斗轮上装有7～8个铲斗，当斗轮转动时，即可挖土，铲斗转到最高位置时，斗内土料借助自重卸到受料皮带机上，并卸入运输工具或直接卸到料堆上。斗轮式挖掘机的主要特点是斗轮转速较快，连续作业，因而生产率高。此外，斗轮臂倾角可以改变，且可回转360°，因而开挖范围大，可适应不同形状工作面的要求。

（二）挖运组合机械

挖运组合机械是指由一种机械同时完成开挖、运输、卸土任务，有推土机、铲运机及装载机。

1.推土机

推土机在水利水电工程施工中应用很广，可用于平整场地、开挖基坑、推平填方、堆积土料、回填沟槽等。推土机的运距为60～100 m，挖深为1.5～2.0 m，填高为2～3 m。

推土机按安装方式可分为固定式和万能式两种，按操纵机构可分为索式及液压式两种，按行驶机构可分为轮胎式和履带式两种。

固定式推土机的推土器仅能升降，而万能式不仅能升降，还可在三个方向调整角度。固定式结构简单，应用广泛。索式推土机的推土器升降是利用卷扬机和钢索滑轮组进行的，升降速度较快，操作较方便；缺点是推土器不能强制切土，推硬土有困难。液压式推土机升降是利用液压装置来进行控制的，因而可以强制切土，但提升高度和速度不如索式。由于液压式推土机具有重量轻、构造简单、操作容易、震动小、噪声低等特点，应用较为广泛。

推土机的开行方式基本上是穿梭式的。为了提高推土机的生产率，应力求减少推土器两侧的散失土料，一般可采用槽行开挖、下坡推土、分段铲土、集中推运及多机并列推土等方法。

2.铲运机

铲运机是一种能铲土、运土和填土的综合性土方工程机械：它一次能铲运几立方米到几十立方米的土方，经济运距达几百米。铲运机能开挖黏性土和砂卵石，多用于平整场地、开采土料、修筑渠道和路基及软基开挖等。

铲运机按操纵系统分为索式和液压式两种，按牵引方式分为拖行式和自行式两种，按卸土方式分为自由卸土、强制卸土和半强制卸土三种。

3.装载机

装载机是一种工作效率高、用途广泛的工程机械，它不仅可对堆积的松散物料进行装、运、卸作业，还可以对岩石、硬土进行轻度的铲掘工作，并能用于清理、刮平场地及牵引作业。如更换工作装置，还可完成堆土、挖土、松土、起重及装载棒状物料等工作，因此被广泛应用。

装载机按行走装置可分为轮胎式和履带式两种，按卸载方式可分为前卸式、后卸式和回转式三种，按铲斗的额定重量可分为小型（＜1t）、轻型（1～3t）、中型（4～8t）、重型（＞10t）四种。

（三）运输机械

水利工程施工中，运输机械有无轨运输、有轨运输和皮带机运输三种。

1.无轨运输

在中国水利水电工程施工中，汽车运输因其操纵灵活、机动性大，能适应各种复杂的地形，已成为最广泛采用的运输工具。

土方运输一般采用自卸汽车。目前常用的车型有上海、黄河、解放、斯太尔和卡特等。随着施工机械化水平的不断提高，工程规模越来越大，国内外都倾向于采用大吨位重型和超重型自卸汽车，其载重量可达60～100 t。

对于车型的选择方面，自卸汽车车厢容量，应与装车机械斗容相匹配。一般自卸汽车容量为挖装机械斗容的3～5倍较适合。汽车容量太大，其生产率就会降低，反之挖装机械生产率降低。

对于施工道路，要求质量优良。加强经常性养护，可提高汽车运输能力和延长汽车使用年限；汽车道路的路面应按工程需要而定，一般多为泥结碎石路面，运输量及强度大的可采用混凝土路面。对于运输线路的布置，一般是双线式和环形式，应依据施工条件、地形条件等具体情况确定，但必须满足运输量的要求。

2.有轨运输

水利水电工程施工中所用的有轨运输，除巨型工程以外，其他工程均为窄轨铁路。窄轨铁路的轨距有1000 mm、762 mm、610 mm三种。轨距为1000 mm和762 mm，窄轨铁路的钢轨质量为11～18 kg/m，其上可行驶3 m^3、6 m^3、15 m^3的可倾翻的车厢，用机车牵引。轨距610 mm的钢轨质量为8 kg/m，其上可行驶1.5～1.6 m^3可倾翻的铁斗车，可用人力推运或电瓶车牵引。

铁路运输的线路布置方式，有单线式、单线带岔道式、双线式和环形式四种。线路布置及车型应根据工程量的大小、运输强度、运距远近以当地地形条件来选定。需要指出的是，随着大吨位汽车的发展和机械化水平的提高，目前国内水电工程一般多采用无轨运输方式，仅在一些有特殊条件限制的情况下才考虑采用有轨运输（如小断面隧洞开挖运输）。若选用有轨运输，为确保施工安全，工人只许推车不许拉车，两车前后应保持一定的距离。当坡度为小于0.5%的下坡道时，不得小于10 m；当坡度为大于0.5%的下坡道或车速大于3 m/s时，不得小于30 m。每一个工人在平直的轨道上只能推运重车一辆。

3.皮带机运输

皮带机是一种连续式运输设备，适用于地形复杂、坡度较大、通过地形较狭窄和跨越深沟等情况，特别适用于运输大量的粒状材料。

按皮带机能否移动，可分为固定式和移动式两种。固定式皮带机没有行走装置，多用于运距长而路线固定的情况。移动式皮带机则有行走装置，长5～15 m，移动方便，适用于需要经常移动的短距离运输。按承托带条的托辊分，有水平和槽形两种形式，一般常用槽形。皮带宽度有300 mm、400 mm、500 mm、

650 mm、800 mm、1000 mm、1200 mm、1400 mm、1600 mm 等。其运行速度为 1 ~ 2.5 m/s。

二、土料压实

（一）影响土料压实的因素

土料压实的程度主要取决于机具能量（压实功）、碾压遍数、铺土的厚度和土料的含水量等。

土料是由土粒、水和空气三相体组成的。通常固相的土粒和液相的水是不会被压缩的，土料压实就是将被水包围的细土颗粒挤压填充到粗土粒间的孔隙中去，从而排走空气，使土料的孔隙率减小，密实度提高。一般来说，碾压遍数越多，则土料越密实，当碾压到接近土料的极限密度时，再进行碾压，那时起的作用就不明显了。

在同一碾压条件下，土的含水量对碾压质量有直接的影响。当土具有一定含水量时，水的润滑作用使土颗粒间的摩擦阻力减小，从而使土易于压实。但当含水量超过某一限度时，土中的孔隙全由水来填充而呈饱和状态，反而使土难以压实。

（二）土料压实方法、压实机械及其选择

1.压实方法

土料的物理力学性能不同，压实时要克服的压实阻力也不同。黏性土的压实主要是克服土体内的凝聚力，非黏性土的压实主要是克服颗粒间的摩擦力。压实机械作用于土体上的外力有静压碾压、振动碾压和夯击三种。

静压碾压：作用在土体上的外荷不随时间而变化。振动碾压：作用在土体上的外力随时间做周期性的变化。夯击：作用在土体上的外力是瞬间冲击力，其大小随时间而变化。

2.压实机械

在碾压式的小型土坝施工中，常用的碾压机具有平碾、肋形碾，也有用重型履带式拖拉机作为碾压机具使用的。碾压机具主要是靠沿土面滚动时碾磙本身的重量，在短时间内对土体产生静荷重作用，使土粒互相移动而达到密实。

①平碾。平碾的钢铁空心滚筒侧面设有加载孔，加载大小根据设计要求而定，平碾碾压质量差、效率低，较少采用。

②肋形碾。肋形碾一般采用钢筋混凝土预制。肋形碾单位面积压力较平碾大，压实效果比平碾好，用于黏性土的碾压。

③羊脚碾。羊脚碾的碾压滚筒表面设有交错排列的羊脚。钢铁空心滚筒侧面设有加载孔，加载大小根据设计要求而定。

羊脚碾的羊脚插入土中，不仅使羊脚底部的土体受到压实，而且使其侧向土体受到挤压，从而达到均匀压实的效果。碾筒滚动时，表层土体被翻松，有利于上下层间结合。但对于非黏性土，由于插入土体中的羊脚使无黏性颗粒产生向上和侧向的移动，由此会降低压实效果，所以羊脚碾不适用于非黏性土的压实。

羊脚碾压实有两种方式：圈转套压和进退错距。后种方式压实效果较好。羊脚碾的碾压遍数，可按土层表面都被羊脚压过一遍即可达到压实要求考虑。

④气胎碾。气胎碾是一种拖式碾压机械，分单轴和双轴两种。单轴气胎碾主要由装载荷载的金属车厢和装在轴上的 4~6 个充气轮胎组成。碾压时，在金属车厢内加载，同时将气胎充气至设计压力。为避免气胎损坏，停工时用千斤顶将金属车厢顶起，并把胎内的气放出一些。

气胎碾在压实土料时，充气轮胎随土体的变形而发生变形。开始时，土体很松，轮胎的变形小，土体的压缩变形大。随着土体压实密度的增大，气胎的变形也相应增大，气胎与土体的接触面积也增大，这样始终能保持较均匀的压实效果。另外，还可通过调整气胎内压，来控制作用于土体上的最大应力，使其不致超过土料的极限抗压强度。增加轮胎上的荷重后，由于轮胎的变形调节，压实面积也相应增加，所以平均压实应力的变化并不大。因此，气胎的荷重可以增加到很大的数值。对于平碾和羊脚碾，由于碾磙是刚性的，不能适应土壤的变形，荷载过大就会使碾磙的接触应力超过土壤的极限抗压强度，而使土壤结构遭到破坏。

气胎碾既适宜于压实黏性土，又适宜于压实非黏性土，适用条件好，压实效率高，是一种十分有效的压实机械。

⑤振动碾。振动碾是一种振动和碾压相结合的压实机械。它是由柴油机带动与机身相连的轴旋转，使装在轴上的偏心块产生旋转，迫使碾磙产生高频振动。振动功能以压力波的形式传递到土体内。非黏性土料在振动作用下，内摩擦力迅

速降低，同时由于颗粒不均匀，振动过程中粗颗粒质量大、惯性力大，细颗粒质量小、惯性力小。粗细颗粒由于惯性力的差异而产生相对移动，细颗粒因此填入粗颗粒间的空隙，使土体密实。而对于黏性土，由于土粒比较均匀，在振动作用下，不能取得像非黏性土那样的压实效果。

⑥蛙夯。夯击机械是利用冲击作用来压实土方的，具有单位压力大、作用时间短的特点，既可用来压实黏性土，也可用来压实非黏性土。蛙夯由电动机带动偏心块旋转，在离心力的作用下带动夯头上下跳动而夯击土层。夯击作业时各夯之间要套压。一般用于施工场地狭窄、碾压机械难以施工的部位。

以上碾压机械碾压实土料的方法有两种：圈转套压法和进退错距法。

圈转套压法：碾压机械从填方一侧开始，转弯后沿压实区域中心线另一侧返回，逐圈错距，以螺旋形线路移动进行压实。这种方法适用于碾压工作面大、多台碾具同时碾压的情况，生产效率高。但转弯处重复碾压过多，容易引起超压剪切破坏，转角处易漏压，难以保证工程质量。

进退错距法：碾压机械沿直线错距进行往复碾压。这种方法操作简单，容易控制碾压参数，便于组织分段流水作业，漏压重压少，有利于保证压实质量。此法适用于工作面狭窄的情况。

由于振动作用，振动碾的压实影响深度比一般碾压机械大 1～3 倍，可达 1 m 以上。它的碾压面积比振动夯、振动器压实面积大，生产率高。振动碾压实效果好，从而使非黏性土料的相对密实度大为提高，坝体的沉陷量大幅度降低，稳定性明显增强，使土工建筑物的抗震性能大为改善。故抗震规范明确规定，对有防震要求的土工建筑物必须用振动碾压实。振动碾结构简单，制作方便，成本低廉，生产率高，是压实非黏性土石料的高效压实机械。

3.压实机械的选择

选择压实机械主要考虑如下四个原则。

①适应筑坝材料的特性。黏性土应优先选用气胎碾、羊脚碾，砾质土宜用气胎碾、夯板，堆石与含有特大粒径的砂卵石宜用振动碾。

②应与土料含水量、原状土的结构状态和设计压实标准相适应。对含水量高于最优含水量 1%～2% 的土料，宜用气胎碾压实；当重黏土的含水量低于最优含水量，原状土天然密度高并接近设计标准时，宜用重型羊脚碾、夯板；当含水量很高且要求压实标准较低时，黏性土也可选用轻型的肋形碾、平碾。

③应与施工强度大小、工作面宽窄和施工季节相适应。气胎碾、振动碾适用于生产要求强度高和抢时间的雨季作业，夯击机械宜用于坝体与岸坡或刚性建筑物的接触带、边角和沟槽等狭窄地带。冬季作业则选择大功率、高效能的机械。

④应与施工单位现有机械设备情况和习用某种设备的经验相适应。

三、碾压式土石坝施工

（一）坝基与岸坡处理

坝基与岸坡处理工程为隐蔽工程，必须按设计要求并遵循有关规定认真施工。

清理坝基、岸坡和铺盖地基时，应将树木、草皮、树根、乱石、坟墓及各种建筑物等全部清除，并认真做好水井、泉眼、地道、洞穴等处理。坝基和岸坡表层的粉土、细砂、淤泥、腐殖土、泥炭等均应按设计要求和有关规定清除。对于风化岩石、坡积物、残积物、滑坡体等，应按设计要求和有关规定处理。

坝基岸坡的开挖清理工作，宜自上而下一次完成。对于高坝可分阶段进行。凡坝基和岸坡易风化、易崩解的岩石和土层，开挖后不能及时回填者，应留保护层，或喷水泥砂浆或喷混凝土保护。防渗体、反滤层和均质坝体与岩石岸坡接合，必须采用斜面连接，不得有台阶、急剧变坡及反坡。对于局部凹坑、反坡及不平顺岩面，可用混凝土填平补齐，使其达到设计坡度。

防渗体或均质坝体与岸坡接合，岸坡应削成斜坡，不得有台阶、急剧变坡及反坡。岩石开挖清理坡度不陡于 1∶0.75，土坡不陡于 1∶1.15。防渗体部位的坝基、岸坡岩面开挖，应采用预裂、光面等控制爆破法，使开挖面基本平顺。必要时可预留保护层，在开始填筑前清除。人工铺盖的地基按设计要求清理，表面应平整压实。砂砾石地基上，必须按设计要求做好反滤过渡层。坝基中软黏土、湿陷性黄土、软弱夹层、中细砂层、膨胀土、岩溶构造等，应按设计要求进行处理。天然黏性土岸坡的开挖坡度，应符合设计规定。

对于河床基础，当覆盖层较浅时一般采用截水墙（槽）处理。截水墙（槽）施工受地下水的影响较大，因此必须注意解决不同施工深度的排水问题，特别注意防止软弱地基的边坡受地下水影响引起塌坡。对于施工区内的裂隙水或泉眼，在回填前必须认真处理。

土石坝用料量很大，在坝型选择阶段应对土石料场全面调查，在施工前还应结合施工组织设计，对料场做进一步勘探、规划和选择。料场的规划包括空间、时间、质与量等方面的全面规划。

空间规划是指对料场的空间位置、高程进行恰当选择，合理布置。土石料场应尽可能靠近大坝，并有利于重车下坡。用料时，原则上低料低用、高料高用，以减少垂直运输。最近的料场一般也应在坝体轮廓线以外300 m以上，以免影响主体工程的防渗和安全。坝的上下游、左右岸最好都有料场，以利于各个方向同时向大坝供料，保证坝体均衡上升。料场的位置还应利于排除地表水和地下水，对土石料场也应考虑与重要建筑物和居民点保持足够的防爆、防震安全距离。

时间规划是指料场的选择要考虑施工强度、季节和坝前水位的变化。在用料规划上力求做到近料和上游易淹的料场先用，远料和下游不易淹的料场后用；含水量高的料场旱季用，含水量低的料场雨季用。上坝强度高时充分利用运距近、开采条件好的料场，上坝强度低时用运距远的料场，以平衡运输任务。在料场使用计划中，还应保留一部分近料场，供合龙段填筑和拦洪度汛施工高峰时使用。

料场质与量的规划是指对料场的质量和储量进行合理规划。料场的质与量是决定料场取舍的前提。在选择和规划使用料场时，应对料场的地质成因、产状、埋深、储量及各种物理力学性能指标进行全面勘探和试验，选用料场应满足坝体设计施工的质量要求。

料场规划时还应考虑主要料场和备用料场。主要料场是指质量好、储量大、运距近的料场，且可常年开采；备用料场一般设在淹没区范围以外，以便当主要料场被淹没或因库水位抬高而导致土料过湿或其他原因不能使用时使用备用料场，保证坝体填筑的正常进行。主要料场总储量应为设计总强度的1.5 ~ 2.0倍，备用料场的储量应为主要料场的20% ~ 30%。

此外，为了降低工程成本，提高经济效益，还应尽量充分利用开挖料作为大坝填筑材料。当开挖时间与上坝填筑时间不相吻合时，则应考虑安排必要的堆料场加以储备。

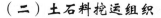

（二）土石料挖运组织

1.综合机械化施工的基本原则

土石坝施工，工程量很大，为了降低劳动强度，保证工程质量，有必要采用综合机械化施工。组织综合机械化施工的原则有以下五方面。

（1）确保主要机械发挥作用

主要机械是指在机械化生产线中起主导作用的机械。充分发挥它的生产效率，有利于加快施工进度，降低工程成本。如土方工程机械化施工过程中，施工机械组合为挖掘机、自卸汽车、推土机、振动碾。以挖掘机为主要机械，以其他为配套机械，挖掘机如出现故障或工效降低，会导致停产或施工强度下降。

（2）根据机械工作特点进行配套组合

连续式开挖机械和连续式运输机械配合，循环式开挖机械和循环式运输机械配合，形成连续生产线。否则，需要增加中间过渡设备。

（3）充分发挥配套机械作用

选择配套机械，确定配套机械的型号、规格和数量时，其生产能力要略大于主要机械的生产能力，以保证主要机械的生产能力。

（4）便于机械使用、维修管理

选择配套机械时，尽量选择一机多能型，减少衔接环节。同一种机械力求型号单一，便于维修管理。

（5）合理布置、加强保养、提高工效

严格执行机械保养制度，使机械处于最佳状态，合理布置工作面和运输道路。

目前，一般在中小型的工程中，多数不能实现综合机械化施工，而采用半机械化施工，在配合时也应根据上述原则结合现场具体情况，合理组织施工。

2.挖运方案及其选择

①人工开挖，马车、拖拉机、翻斗车运土上坝。人工挖土装车，马车运输，距离不宜大于1 km；拖拉机、翻斗车运土上坝，适宜运距为2～4 km，坡度不宜大于0.5%～1.5%。

②挖掘机挖土装车，自卸汽车运输上坝。正向铲开挖、装车，自卸汽车运输直接上坝，通常运距小于10 km。自卸汽车可运各种坝料，运输能力强，设备通

用性强，能直接铺料，转弯半径小，爬坡能力较强，机动灵活，使用管理方便，设备易于获得。目前，国内外土石施工普遍采用自卸汽车。

③在施工布置上，正向铲一般采用立面开挖，汽车运输道路可布置成循环路线，装料时采用侧向掌子面，即汽车鱼贯式的装料与行驶。这种布置形式可避免汽车的倒车时间和挖掘机的回转时间，生产率高，能充分发挥正向铲与汽车的效率。

④挖掘机挖土装车，胶带机运输上坝。胶带机的爬坡能力强、架设简易，运输费用较低，运输能力也较大，适宜运距小于10 km。胶带机可直接从料场运输上坝；也可与自卸汽车配合，做长距离运输，在坝前经漏斗卸入汽车转运上坝；或与有轨机车配合，用胶带机转运上坝做短距离运输。

⑤斗轮式挖掘机挖土装车，胶带机运输上坝。该方案具有连续生产、挖运强度高、管理方便等优点。陕西石头河水库土石坝施工即采用该挖运方案。

⑥采砂船挖土装车，机车运输，转胶带机上坝。在国内一些大中型水电工程施工中，广泛采用采砂船开采水下的砂砾料，配合有轨机车运输。当料场集中，运输量大，运距大于10 km时，可用有轨机车进行水平运输。有轨机车的临建工程量大，设备投资较高，对线路坡度和转弯半径要求也较高，不能直接上坝，在坝脚经卸料装置转胶带机运土上坝。

总之，在选择开挖运输方案时，应根据工程量大小、土料上坝强度、料场位置与储量、土质分布、机械供应条件等综合因素，进行技术上和经济上的分析，之后确定经济合理的挖运方案。

3.挖运强度与设备

分期施工的土石坝，应根据坝体分期施工的填筑强度和开挖强度来确定相应的机械设备容量。

为了充分发挥自卸汽车的运输能效，应根据挖掘机械的斗容选择具有适宜容量的汽车型号。挖掘机装满一车斗数的合理范围应为3～5斗，通常要求装满一车的时间为3.5～4 min，卸车时间不超过2 min。

（三）坝面作业与施工质量控制

1.坝面作业施工组织

坝面作业包括铺土、平土、洒水或晾晒（控制含水量）、压实、刨毛（平碾碾压）、修整边坡、修筑反滤层和排水体及护坡、质量检查等工序。坝体土方填筑的特点是：作业面狭窄，工种多，工序多，机具多，施工干扰大。若施工组织不当，将产生干扰，造成窝工，影响工程进度和施工质量。为了避免施工干扰，充分发挥各不同工序施工机械的生产效率，一般采用流水作业法组织坝面施工。

采用流水作业法组织施工时，首先根据施工工序将坝面划分成几个施工段，然后组织各工种的专业队依次进入所划分的施工段施工。对同一施工段而言，各专业队按工序依次连续进行施工；对各专业队，则不停地轮流在各个施工段完成本专业的施工工作。施工队作业专业化，有利于工人技术的熟练和提高，同时在施工过程中也保持了人、地、机具等施工资源的充分利用，避免了施工干扰和窝工。各施工段面积的大小取决于各施工期土料上坝的强度。

2.坝面填筑施工要求

（1）基本要求

铺料宜沿坝轴线方向进行，铺料应及时，严格控制铺土厚度，不得超厚。防渗体土料应用进占法卸料，汽车不应在已压实土料面上行驶。砾质土、风化料、掺和土可视具体情况选择铺料方式。汽车穿越防渗体路口段时，应经常更换位置，每隔40～60 m宜设专用道口，不同填筑层路口段应交错布置，对路口段超压土体应予以处理。防渗体分段碾压时，相邻两段交接带碾迹应彼此搭接，垂直碾压方向搭接带宽度应为0.3～0.5 m，顺碾压方向搭接带宽度应为1～1.5 m。平土要求厚度均匀，以保证压实质量，对于自卸汽车或皮带机上坝，由于卸料集中，多采用推土机或平土机平土。斜墙坝铺筑时应向上游倾斜1%～2%的坡度，对均质坝、心墙坝，应使坝面中部凸起，向上下游斜1%～2%的坡度，以便排除雨水。铺填时土料要平整，以免雨后积水，影响施工。

（2）心墙、斜墙、反滤料施工

心墙施工中应注意使心墙与砂壳平衡上升。心墙上升快，易干裂影响质量；砂壳上升太快，则会造成施工困难。因此，要求在心墙填筑中保持同上下游反滤料及部分坝壳平起，骑缝碾压。为保证土料与反滤料层次分明，可采用土砂平起法施工。根据土料与反滤料填筑先后顺序的不同，又分为先砂后土法和先土后砂法。

先砂后土法。即先铺反滤料，后铺土料。当反滤料宽度小于3 m时，铺一层反滤料，填二层土料，碾压反滤料并骑缝压实与土料的结合带。因先填砂层与心墙填土收坡方向相反，为减少土砂交错宽度，如碧口、黑河等坝在铺第二层土料前，采用人工将砂层沿设计线补齐。对于高坝，反滤层宽度较大，机械铺设方便，反滤料铺层厚度与土料相同，平起铺料和碾压。如小浪底斜心墙，下游侧设两级反滤料，一级（20～0.1 mm）宽6 m，二级（60～5 mm）宽4 m，上游侧设一级反滤料（60～0.1 mm）宽4 m。先砂后土法由于土料填筑有侧限，施工方便，工程较多采用。

先土后砂法。即先铺土料，后铺反滤料，齐平碾压。由于土料压实时，表面高于反滤料，土料的卸、铺、平、压都是在无侧限的条件下进行的，很容易形成超坡。采用羊脚碾压实时，要预留30～50 cm松土边，避免土料被羊脚碾插入反滤层内。当连续晴天时，土料上升较快，应注意防止土体干裂。

对于塑性斜墙坝施工，则宜待坝壳修筑到一定高程甚至达到设计高程后，再行填筑斜墙土料，以便使坝壳有较大的沉陷，避免因坝壳沉陷不均匀而造成斜墙裂缝现象。斜墙应留有余量（0.3～0.5 m），以便削坡，已筑好的斜墙应立即在其上游面铺好保护层防止干裂，保护层应随斜墙增高而增高，其相差高度为1～2 m。

3.接缝处理

土石坝的防渗体要与地基、岸坡及周围其他建筑物的边界相接；由于施工导流、施工分期、分段分层填筑等要求，还必须设置纵向横向的接坡、接缝。这些结合部位是施工中的薄弱环节，质量控制应采取如下措施。

①土料与坝基结合面处理。一般用薄层轻碾的方法施工，不允许用重碾或重型夯，以免破坏基础，造成渗漏。黏性土地基：将表层土含水量调至施工含水量上限范围，用与防渗体土料相同的碾压参数压实，然后刨毛3～5 cm，再铺土压实。非黏性土地基：先洒水压实地基，再铺第一层土料，含水量为施工含水量的上限，采用轻型机械压实岩石地基。先把局部不平的岩石修理平整、清洗干净，封闭岩基表面节理、裂隙。若岩石面干燥可适当洒水，边涂刷浓泥浆、边铺土、边夯实。填土含水率大于最优含水率1%～3%，用轻型碾压实，适当降低干密度。待厚度在0.5～1.0 m时方可用选定的压实机具和碾压参数正常压实。

②土料与岸坡及混凝土建筑物结合面处理。填土前先将结合面的污物冲洗干净，清除松动岩石，在结合面上洒水湿润，涂刷一层浓黏土浆，厚约5 mm，以提高固结强度，防止产生渗透，搭接处采用黏土，小型机具压实。防渗体与岸坡

结合带碾压，搭接宽度不小于1 m，搭接范围内或边角处，不得使用羊脚碾等重型机械。

③坝身纵横接缝处理。土石坝施工中，坝体接坡具有高差较大，停歇时间长，要求坡身稳定的特点。一般情况下，土料填筑力争平起施工，斜墙、心墙不允许设纵向接缝。防渗体及均质坝的横向接坡不应陡于1∶3，高差不超过15 m。均质坝接坡宜采用斜坡和平台相间的形式，坡度和平台宽度应满足稳定要求，平台高差不大于15 m。接坡面可采用推土机自上而下削坡。坝体分层施工临时设置的接缝，通常控制在铺土厚度的1～2倍以内。接缝在不同的高程要错缝。

渗体的铺筑作业应连续进行，如因故停工，表面必须洒水湿润，控制含水量。

四、面板堆石坝施工

（一）坝体施工

1.坝体填筑工艺

坝体填筑原则上应在坝基、两岸岸坡处理验收及相应部位的趾板混凝土浇筑完成后进行。由于施工工序及投入工程和机械设备较多，为提高工作效率，避免相互干扰，确保安全，坝料填筑作业应按流水作业法组织施工。坝体填筑的工艺流程为测量放样、卸料、摊铺、洒水、压实、质检。坝体填筑尽量做到平起、均衡上升。垫层料、过渡料区之间必须平起上升，垫层料、过渡料与主堆石料区之间的填筑面高差不得超过一层。各区填筑的层厚、碾压遍数及加水量等严格按碾压试验确定的施工参数执行。

堆石区的填筑料采用进占法填筑，卸料堆之间保留60 cm间隙，采用推土机平仓，超径石应尽量在料场解小。坝料填筑宜加水碾压，碾压时采用错距法顺坝轴线方向进行，低速行驶（1.5～2 km/h），碾压按坝料的分区分段进行，各碾压段之间的搭接不少于1.0 m。在岸坡边缘靠山坡处，大块石易集中，故岸坡周边选用石料粒径较小且级配良好的过渡料填筑，同时周边部位先于同层堆石料铺筑。碾压时滚筒尽量靠近岸坡，沿上下游方向行驶，仍碾压不到之处用手扶式小型振动碾或液压振动夯加强碾压。

垫层料、过渡料卸料铺料时，避免分离，两者交界处避免大石集中，超径石应予剔除。填筑时自卸汽车将料直接卸入工作面，后退法卸料，碾压时顺坝轴线行驶，用推土机推平，人工辅助平整，铺层厚度等按规定的施工参数执行。垫层料的铺填顺序必须先填筑主堆石区，再填过渡层区，最后填筑垫层区。

下游护坡宜与坝体填筑平起施工，护坡石宜选取大块石，机械整坡、堆码，或人工干砌，块石间嵌合要牢固。

2.垫层区上游坡面施工

垫层区上游坡面传统施工方法：在垫层料填筑时，向上游侧超出设计边线30～40 cm，先分层碾压。填筑一定高度后，由反铲挖掘机削坡，并预留5～8 cm高出设计线，为了保证碾压质量和设计尺寸，需要反复进行斜坡碾压和修整，工作量很大。为保护新形成的坡面，常采用的形式有碾压水泥砂浆（珊溪坝）、喷乳化沥青（天生桥一级、洪家渡）、喷射混凝土（西北口坝）等。这种传统施工工艺技术成熟，易于掌握，但工序多，费工费时，坡面垫层料的填筑密实度难以保证。

坡面整修、斜坡碾压等工序，施工简单易行，施工质量易于控制，降低劳动强度，避免垫层料的浪费，效率较高。挤压边墙技术在国内应用时间较短，施工工艺还有待进一步完善。

3.质量控制

（1）料场质量控制

在规定的料区范围内开采，料场的草皮、树根、覆盖层及风化层已清除干净；堆石料开采加工方法符合规定要求；堆石料级配、含泥量、物理力学性质符合设计要求，不合格料则不允许上坝。

（2）坝体填筑的质量控制

堆石材料、施工机械符合要求。负温下施工时，坝基已压实的砂砾石无冻结现象，填筑面上的冰雪已清除干净。坝面压实后，应对压实参数和孔隙率进行控制，以碾压参数为主。铺料厚度、压实遍数、加水量等应符合要求，铺料误差不宜超过层厚的10%，坝面保持平整。

垫层料、过渡料和堆石料压实干密度的检测，宜采用挖坑灌水法，或辅以表面波压实密度仪法。施工中可用压实计实施控制，垫层料可用核子密度计法。垫层料试坑直径应不小于最大粒径的4倍，过渡料试坑直径应为最大粒径的3～4倍；堆石料试坑直径为最大粒径的2～3倍，试坑直径最大不超过2 m。

（二）钢筋混凝土面板分块和浇筑

1.钢筋混凝土面板的分块

混凝土防渗面板包括趾板（面板底座）和面板两部分。防渗面板应满足强度、抗渗、抗侵蚀、抗冻要求。趾板设伸缩缝，面板设垂直伸缩缝、周边伸缩缝等永久缝和临时水平施工缝。垂直伸缩缝从底到顶布置，中部受压区，分缝间距为12～18 m，两侧受拉区按6～9 m布置。受拉区设两道止水，受压区在底侧设一道止水，水平施工缝不设止水但竖向钢筋必须相连。

2.防渗面板混凝土浇筑与质量

面板施工在趾板施工完毕后进行。面板一般采用滑模施工，由下而上连续浇筑。面板浇筑可以一期进行，也可以分期进行，须根据坝高、施工总计划而定。对于中低坝，面板宜一期浇筑；对于高坝，面板可一期或分期施工。为便于流水作业，提高施工强度，面板混凝土均采用跳仓施工。当坝高不大于70 m时，面板在堆石体填筑全部结束后施工，这主要考虑避免堆石体沉陷和位移对面板产生的不利影响；高于70 m的堆石坝，应考虑须拦洪度汛，提前蓄水，面板宜分两期或三期浇筑，分期接缝应按施工缝处理。面板钢筋采用现场绑扎或焊接，也可用预制网片现场拼接。混凝土浇筑中，布料要均匀，每层铺料250～300 cm；止水片周围须人工布料，防止分离。振捣混凝土时，要垂直插入，至下层混凝土内5 cm，止水片周围用小振捣器仔细振捣—振动过程中，防止振捣器触及滑模、钢筋、止水片。脱模后的混凝土要及时修整和压面。

（三）沥青混凝土面板施工

沥青混凝土由于抗渗性好，适应变形能力强，工程量小，施工速度快，正在广泛用于土石坝的防渗体中。

沥青混凝土面板所用沥青主要根据工程地点的气候条件选择，中国目前多采用道路沥青。粗骨料选用碱性碎石，其最大粒径为15～25 mm；细骨料可选碱性岩石加工的人工砂、天然砂或两者的混合。骨料要求坚硬、洁净、耐久，按满足5 d以上施工需要量储存。填料种类有石棉、消石灰、水泥、橡胶、塑料等，其掺量由试验确定。

沥青混凝土面板施工是在坡面上进行的，施工难度较大，所以尽量采用机械化流水作业。首先进行修整和压实坡面，然后铺设垫层，垫层料应分层压实，并对坡面进行修整，使坡度、平整度和密实度等符合设计要求，在垫层面上喷涂一层乳化沥青或稀释沥青。沥青混凝土面板多采用一级铺筑。当坝坡较长或因拦洪度汛需要设置临时断面时，可采用二级或二级以上铺筑。一级斜坡长度铺筑通常为120～150 m，当采用多级铺筑时，临时断面应根据牵引设计的布置及运输车辆交通的要求，不小于15 m。沥青混合料的铺筑方向多采用沿最大坡度方向分成若干条幅，自下而上依次铺筑。防渗层一般采用多层铺筑，各区段条幅宽度间上下层接缝必须相互错开，水平接缝的错距应大于1 m，顺坡纵缝的错距为条幅宽度的1/3～2/3。先用小型振动碾进行初压，再用大型振动碾二次碾压，上行振压，下行静压。施工接缝及碾压带间，应重叠碾压10～15 cm。压实温度应高于110℃。二次碾压温度应高于80℃。防渗层的施工缝是面板的薄弱环节，尽量加大条幅摊铺宽度和长度，减少纵向和横向施工缝。防渗层的施工缝以采用斜面平接为宜，斜面坡度一般为45°。整平胶结层的施工缝可不做处理，但上下层的层面必须干燥，间隔不超过48 h。防渗层层间应喷涂一薄层稀沥青或热沥青，用喷洒法施工或橡胶刮板涂刷。

第二节　砂石骨料与混凝土生产系统

一、砂石骨料生产系统

（一）骨料料场规划

砂石骨料的主要原料来源于天然砂砾石料场（包括陆地料场、河滩料场和河床料场）、岩石料场和工程弃渣。

骨料料场规划应根据料场的分布、开采条件，可利用料的质量、储量、天然级配、加工要求、弃料多少、运输方式、运距远近、生产成本等因素综合考虑。

1.搞好砂石料场规划应遵循的原则

①首先要了解砂石料的需求，流域（或地区）的近期规划、料源的状况，以确定是建立流域或地区的砂石生产基地还是工程专用的砂石系统。

②应充分考虑自然景观、珍稀动植物、文物古迹保护方面的要求，将料场开

采后的景观、植被恢复（或美化改造）列入规划之中，应重视料源剥离和弃渣的堆存，避免水土流失，还应采取恢复环境的措施。在进行经济比较时应计入这方面的投资。当在河滩开采时，还应对河道冲淤、航道影响进行论证。

③满足水工混凝土对骨料的各项质量要求，其储量力求满足各设计级配的需要，并有必要的富余量。初查精度的勘探储量，一般不少于设计需要量的3倍；详查精度的勘探储量，一般不少于设计需要量的2倍。

④选用的料场，特别是主要料场，应场地开阔、高程适宜、储量大、质量好、开采季节长，主辅料场应能兼顾洪枯季节互为备用的要求。

⑤选择可采率高，天然级配与设计级配较为接近，须人工骨料调整级配数量少的料场。任何工程都应充分考虑利用工程弃渣的可能性和合理性。

⑥料场附近有足够的回车和堆料场地，且占用农田少，不拆迁或少拆迁现有生活、生产设施。

⑦选择开采准备工作量小、施工简便的料场。

如以上要求难以同时满足，在优质、经济、就近取材的原则下，可分别选择天然骨料、人工骨料，或两者相互补充。当工程附近有质量合格、储量满足工程需要、开采条件合适且不构成环保和河道水运交通影响的天然砂石料时，宜优先采用天然料场。若天然料运距太远，成本太高，这时才可以考虑采用人工骨料方案。组合骨料时，则须确定天然骨料和人工骨料的最佳搭配方案。通常对天然料场中的超径石，往往通过加工补充短缺级配，形成生产系统的闭路循环，这是减少弃料，降低成本的好办法。

随着大型、高效、耐用的骨料加工机械的发展，以及管理水平的提高，人工骨料的成本接近甚至低于天然骨料，并且级配可按需调整，质量稳定，管理相对集中，受自然因素影响小，有利于均衡生产，可减少设备用量，减少堆料场地，并且可利用有效开挖料。因此，采用人工骨料的工程越来越多。

有碱活性的骨料会引起混凝土的过量膨胀，一般应避免使用。当采用低碱水泥或掺粉煤灰时，碱骨料反应就会受到抑制，经试验证明对混凝土不致产生有害影响时，也可选用。当主体工程开挖渣料数量较多，且质量符合要求时，应尽量予以利用。它不仅可降低人工骨料成本，还可节省运渣费用，减少堆渣用地和环境污染。

2.毛料开采量的确定

（1）天然砂砾料开采量的确定

毛料开采量取决于混凝土中各种粒径的骨料需要量和天然砂砾料中各种粒径骨料的含量。通常按不同粒径组所求的开采总量各不相同，取其中的最大开采量作为理论开采总量。在实际施工中，大石含量通常过多，而中小石含量不足，若按中小石需要量开采，大石将过剩。为此，实际施工中选择的开采量往往介于最大值与最小值之间，于是有些粒径组就会短缺，另一些粒径组则会有弃料。此时，可采取如下措施：

①调整混凝土的设计配合比，在许可范围内减少短缺粒径的需用量。

②设置破碎机，将富余大骨料加工，补充短缺粒径。

③改进生产工艺，减少短缺粒径组的损失。

④以人工骨料补充短缺粒径。

（2）采石场开采量的确定

当采用人工骨料时，采石场开采量主要取决于混凝土骨料需要量及块石开采成品获得率。

若有有效开挖石料可供利用，应将利用部分扣除，以确定实际开采石料量。

3.开采方法

（1）水下开采天然砂砾料

从河床或河滩开挖天然砂砾料宜用索铲挖掘机和采砂船，采砂船应用中应注意：选择大型采砂船时应考虑设备进场、撤退及下一工程衔接使用的可能性；选择合理开采水位，研究开采顺序和作业路线，尽可能创造静水和低流速开采条件，减少细砂与骨料流失量。

（2）陆上开采天然砂砾料

陆上开采天然砂砾料所用设备和生产工艺与一般土石方开挖工程相同，主要使用挖掘机。至于运输方式则随料场条件而异，有的采用标准轨矿车或窄轨矿车，有的则采用自卸汽车。

（3）碎石开采

采石场的开采可用洞室爆破和深孔爆破。洞室爆破比深孔爆破原岩破碎平均粒度大，超径量多，二次爆破量大，因而挖掘机生产率下降，粗碎负荷加重。洞室巷道施工条件差、劳动强度大。当深孔爆破的台阶尚未形成时，用洞室爆破进行削帮、揭顶并提供初期用料。深孔爆破，尤其是深孔微差挤压爆破应作为采石场的主要爆破方法。进行爆破设计时要注意开采石块的最大粒度与挖装、破碎设备相适应。

（二）骨料加工

骨料加工厂的生产能力应满足混凝土浇筑的需要。混凝土浇筑强度是不均衡的，就其高峰值来说，又有高峰月浇筑强度和高峰时段月平均浇筑强度之分。若按高峰月浇筑强度考虑，系统设备过多，不经济；若按高峰时段月平均浇筑强度计算，则应考虑堆料场的调节作用。

实际生产中，还可以按骨料需要量累计曲线确定生产能力。先根据混凝土浇筑计划，绘出骨料需要量累计曲线，然后绘出骨料生产量累计曲线。生产量累计曲线始终位于需要量累计曲线的上方。它们之间的垂直距离，即为骨料成品料堆的储存量。此储量应不超过成品料堆的最大容量，但又不能小于最小安全储量。此外，生产量累计曲线的起点和终点，应比需要量累计曲线提前一定时间。起点提前时间为 10 ~ 15 d，终点也应相应提前，具体时间由施工计划定。

生产量累计曲线的各段斜率，代表加工厂各时段的生产强度。其中，斜率最大值即为加工厂的生产能力，斜率最大时段即为骨料加工的高峰期。

（三）骨料的储存

1.骨料堆场的任务和种类

为了解决骨料生产与需求之间的不平衡，应设置骨料堆场。骨料储存分毛料堆存、半成品料堆存和成品料堆存三种形式。毛料堆存用于解决骨料开采与加工之间的不平衡；半成品料（经过预筛分的砂石混合料）堆存用于解决骨料加工各工序之间的不平衡；成品料堆存用于保证混凝土连续生产的用料要求，并起到降低和稳定骨料含水量（特别是砂料脱水），降低或稳定骨料温度的作用。

砂石料总储量的多少取决于生产强度和管理水平。通常按高峰时段月平均值的 50% ~ 80% 考虑，汛期、冰冻期停采时须按停采期骨料需要量外加 20% 裕度校核。

成品料仓各级骨料的堆存，必须设置可靠的隔墙，以防止骨料混级。隔墙高度按骨料自然休止角（34° ~ 37°）确定，并超高 0.8 m 以上。成品堆场容量，也应满足砂石料自然脱水的要求。

2.骨料堆场的形式

①台阶式。利用地形的高差，将料仓布置在进料线路下方，由汽车或铁路矿车直接卸料。料仓底部设有出料廊道（又称地弄），砂石料通过卸料弧形阀门卸在皮带机上运出。为了扩大堆料容积，可用推土机集料或散料。这种料仓设备简单，但须有合适的地形条件。

②栈桥式。在平地上架设栈桥，栈桥顶部安装有皮带机，经卸料小车向两侧卸料。料堆呈棱柱体，由廊道内的皮带机出料。这种堆料的方式，可以增大堆料高度（可达9～15 m），减少料堆占地面积。但骨料跌落高度大，易造成分离，而且料堆自卸容积（位于骨料自然休止角斜线中间的容积）小。

③堆料机堆料。堆料机是可以沿轨道移动，有悬臂扩大堆料范围的专用机械。动臂可以旋转和仰俯（变幅范围为±16°），能适应堆料位置和堆料高度的变化，避免骨料跌落过高。为了增大堆料高度，常将其轨道安装在土堤顶部，出料廊道则设于路堤两侧。

3.骨料堆存中的质量控制

骨料堆存的主要质量要求是防止骨料发生破碎、分离，或是含水量变化，使骨料保持洁净等方面。为了保证骨料质量，应采取相应措施使其在允许范围内。

为防止粗骨料破碎和分离，应尽量减少转运次数。卸料时，粒径大于40 mm骨料的自由落差大于3 m，应设置缓降设施。同时，皮带机接头处高差应控制在5 m以内，并在用于衔接的溜槽内衬以橡皮，以减轻石料冲击造成的破碎。堆料时，要避免形成大的斜坡。取料时应在同一料堆选2～3个不同取料点同时取料，以使同一级骨料粒径均匀。

储料仓除有足够的容积外，还应维持不小于6 m的堆料厚度。要重视细骨料脱水，并保持洁净。细骨料仓的数量和容积应满足细骨料脱水的要求。一般情况下，细骨料仓的数量应不少于3个，即1个仓堆料，1～2个仓脱水，1个仓使用，并互相轮换。细骨料仓的堆料容积应满足混凝土浇筑高峰期10 d以上的需要，粗骨料仓的活容积应满足混凝土浇筑高峰期3 d以上的需要，拌和系统粗细骨料的堆存活容积应满足3 d的需要量。细骨料的含水率应保持稳定，人工砂饱和面干的含水率不宜超过6%。自然脱水情况下，应达到其稳定含水量，一般需5～6 d。

设计料仓时，料仓的位置和高程应选择在洪水位之上，周围应有良好的排水、排污设施，地下廊道内应布置集水井、排水沟和冲洗皮带机污泥的水管。各级骨料仓之间应设置隔墙等有效措施，严禁混料，并应避免泥土和其他杂物混入骨料中。

二、混凝土生产系统

（一）混凝土生产系统的设置与布置

1.合理设置混凝土生产系统

根据工程规模、施工组织的不同，水利水电工程可集中设置一个混凝土生产系统，也可分散设置混凝土生产系统。分散设置的生产能力须按分区混凝土高峰浇筑强度设计，其总和大于工程总的高峰浇筑强度。根据一些工程统计，集中设置与分散设置比较，规模约小15%，人员少25%～30%。但在下列情况下宜采用分散设置：

①水工建筑物分散或高程悬殊，浇筑强度过大，集中布置会使运距过远。

②两岸混凝土运输线不能沟通。

③砂石料场分散，集中布置则骨料运输不便或不经济。

④当在流量宽阔的河段上，采用分期导流、分期施工方式时，一般按施工阶段分期设置混凝土生产系统。

有些建设单位将相对独立的水工建筑物单独招标，并在招标文件中要求中标单位规划建设相应混凝土生产系统时，可按不同标段设置。

2.拌和楼尽量靠近浇筑地点

拌和楼应尽可能靠近坝体。混凝土生产系统到坝址的距离在500 m左右。经论证，混凝土生产系统使用时间与永久性建筑物施工、运行时间错开时，也可占用永久建筑物场地，但在使用时间重合时，应特别注意它们是否有干扰。

3.妥善利用地形

混凝土生产系统应布置在地形比较平缓的开阔处，其位置和高程要满足混凝土运输和浇筑施工方案要求。混凝土生产系统主要建筑物地面高程应高出当地20年一遇的洪水位；拌和楼、水泥罐、制冷楼、堆料场地等多属于高层或重载建筑物，对于地基要求较高。新安江工程混凝土系统场地狭窄，由于充分利用从40～110 m高程间70 m的自然高差，所以可分成4级台阶进行紧凑布置，从而使工程量较类似规模的系统小得多。

4.各个建筑物布置原则

各个建筑物布置紧凑，制冷、供热、水泥及粉煤灰等设施均宜靠近拌和楼；原材料进料方向与混凝土出料方向错开；每座拌和楼有独立出料线，使车辆进出互不干扰；出料能力应能满足多品种、多强度等级混凝土的发运，以保证拌和楼不间断的生产；铁路线优先采用循环岔道方式；尽头线布置只能适应拌和楼生产能力较低的情况。

5.输送距离要求

骨料供应点至拌和楼的输送距离宜在300 m以内。混凝土运输距离应按混凝土出机到入仓的运输时间不超过60 min计算，夏季不超过30 min。

6.混合上料、二次筛分

下列情况下，可考虑采用混合上料，拌和楼顶二次筛分：

①堆料场距拌和楼较远，骨料分级轮换供料不能满足生产需要。

②拌和楼采用连续风冷骨料，因料仓容量不足，不能维持冷却区必要的料层厚度。

③采用喷淋法冷却骨料，胶带机运行速度降低，以致轮换供料不能满足要求。

（二）混凝土生产系统的组成

1.拌和楼形式的选择

拌和楼按结构布置可分为直立式、二阶式、移动式三种，按搅拌机配置可分为自落式、强制式及涡流式等形式。

（1）直立式拌和楼

直立式混凝土拌和楼将骨料、胶凝材料、料仓、称量、拌和、混凝土出料等各工艺环节由上而下垂直布置在一座楼内，物料只做一次提升。其适用于混凝土工程量大，使用周期长，施工场地狭小的水利水电工程。直立式混凝土拌和楼是集中布置的混凝土工厂，常按工艺流程分层布置，分为进料层、储料层、配料层、拌和层及出料层共五层。其中，配料层是全楼的控制中心，设有主操纵台。

骨料和水泥用皮带机和提升机分别送到储料层的分格仓内，料仓有5～6格装骨料，有2～3格装水泥和掺和料。每格料仓装有配料斗和自动秤，称好的各种材料汇入骨料斗内，再用回转式给料器送入待料的拌和机内，拌和用水则由自动量水器量好后，直接注入拌和机。拌好的混凝土卸入储料层的料斗，待运输车辆就位后，开启气动弧门出料。各层设备可由电子传动系统操作。

（2）二阶式拌和楼

二阶式混凝土拌和楼将直立式拌和楼分成两大部分：一部分是骨料进料、料仓储存及称量，另一部分是胶凝材料、拌和、混凝土出料控制等。两部分中间用皮带机连接，一般布置在同一高程上，也可以利用地形高差布置在两个高程上。这种结构布置形式的拌和楼安装拆迁方便，机动灵活。小浪底工程混凝土生产系统4000 L拌和楼采用的就是这种形式。

（3）移动式拌和楼

移动式拌和楼一般用于小型水利水电工程，混凝土骨料粒径是在80 mm以下的混凝土。

2.拌和设备容量的确定

混凝土生产系统的生产能力一般根据施工组织安排的高峰月混凝土浇筑强度，计算混凝土生产系统的小时生产能力。

计算小时生产能力，应按设计浇筑安排的最大仓面面积、混凝土初凝时间、浇筑层厚度、浇筑方法等条件，校核所选拌和楼的小时生产能力，以及与拌和楼配备的辅助设备的生产能力等是否满足相应要求。

第三节　混凝土运输浇筑与分缝分块

一、混凝土运输浇筑方案

混凝土供料运输和入仓运输的组合形式，称为混凝土运输浇筑方案。它是坝体混凝土施工中的一个关键性环节，必须根据工程规模和施工条件合理选择。

（一）常用运输浇筑方案

1.自卸汽车—履带式起重机运输浇筑方案

混凝土由自卸汽车卸入卧罐，再由履带式起重机吊运入仓。这种方案机动灵活，适用于工地狭窄的地形。履带式起重机多由挖掘机改装而成，自卸汽车在工地使用较多，所以能及早投产使用，充分发挥机械的利用率。但履带式起重机在负荷下不能变幅，兼受工作面与供料线路的影响，常须随工作面而移动机身，控制高度不大。适用于岸边溢洪道、护坦、厂房基础、低坝等混凝土工程。

2.起重机—栈桥运输浇筑方案

采用门机和塔机吊运混凝土浇筑方案，常在平行于坝轴线的方向架设栈桥，并在栈桥上安设门机、塔机。混凝土水平运输车辆常与门机、塔机共用一个栈桥桥面，以便向门机、塔机供料。

施工栈桥是临时性建筑物，一般由桥墩、梁跨结构和桥面系统三部分组成，桥上行驶起重机（门机或塔机）、运输车辆（机车或汽车）。

设置栈桥的目的有两个：一是为了扩大起重机的控制范围，增加浇筑高度；二是为起重机和混凝土运输提供开行线路，使之与浇筑工作面分开，避免相互干扰。

门机、塔机的选择，应与建筑物结构尺寸、混凝土拌和及供料能力相协调。合理选择栈桥的位置和高程，尽量减少门机、塔机拆迁次数，是采用门机、塔机时应当重点考虑的问题。门机、塔机的布置形式主要有下面五种。

（1）坝外布置

当坝体宽度较小时，可将门机、塔机布置在坝外（上游或下游或上、下游）。它与坝体的距离以不碰坝体和满足门机、塔机安全运转为原则。门机、塔机轨道铺设在混凝土埋石上，仅在低凹部位修建低栈桥。

（2）坝内独栈桥布置

将门机、塔机栈桥布置在坝底宽的1/2处，找桥高度视坝高、门（塔）机类型和混凝土拌和厂出料高程选定。

（3）坝内多栈桥布置

坝底较宽的高坝，或有坝后式厂房的工程，须在坝内布置多道栈桥。栈桥需要"翻高"，门机、塔机随之向上拆迁。

（4）主辅栈桥布置

在坝内布置起重机栈桥，在坝外布置运输混凝土的机车栈桥。这种布置取决于混凝土拌和厂供料高程和坝区地形等因素。

（5）蹲块布置

门机、塔机设置在已浇筑的坝体上，随着坝体上升分次倒换位置而升高。这种方式施工简单，中国许多混凝土坝都采用过。不过，门机、塔机活动范围受限制、拆装频繁，如果安排不周就会影响施工进度。有的工程根据坝体断面形式、施工道路、工程进度等具体条件，合理安排门机、塔机位置，并组织安装力量加快拆装速度，可以取得加快施工速度的效果。

起重机—栈桥方案的优点是布置比较灵活，控制范围大，运输强度高。而且门机、塔机为定型设备，机械性能稳定，可多次拆装使用，因此它是厂房混凝土施工最常见的方案。这种方案的缺点是：修建栈桥和安装起重机需要占用一段工期，往往影响主体工程施工，而且栈桥下部形成浇筑死区（称为栈桥压仓），须用溜管、溜槽等辅助运输设备方能浇筑，或待栈桥拆除后浇筑。此外，坝内栈桥在施工初期难以形成；坝外低栈桥控制范围有限，且受导流方式的影响和汛期洪水的威胁。

3.缆机运输浇筑方案

缆机运输浇筑方案，尤其适用于高山峡谷地区的混凝土高坝。采用缆机与选用其他起重机不同，不是先选定设备再进行施工布置，而是按工程的具体条件先进行施工布置，然后委托厂家设计制造，待设计方案确定后，再对施工布置进行适当修改完善。采用缆机浇筑混凝土控制范围大，生产效率高，不受导流、度汛和基坑过水的影响。提前安装缆机还可协助截流、基坑开挖等工作。采用缆机的主要缺点是塔架和设备的土建安装工程量大，设备的设计制造周期长，初期投资比较大。

缆机的类型很多，有辐射式、平移式、固定式、摆动式和轨索式等，最常用的是前两种。一个工程往往需要布置多台缆机才能满足要求，在这种情况下布置时要仔细考虑，避免相互干扰。

（1）平移式缆机

几台缆机布置在同一轨道上，为了能使两台缆机同时浇筑一个仓位，可采取以下两种布置方法。

同高程塔架错开布置，错开的位置按塔架具体尺寸决定。为了安全操作，一般主索之间的距离不宜小于7 ~ 10 m。

高低平台错开布置。即在不同高程的平台上错开布置塔架。有的工程为了使高低平台的缆机能互为备用，就会布置成穿越式。这时要注意两层之间应有足够的距离，上层缆机满载时的吊罐底部与下层缆机的牵引索之间应有安全距离。

（2）辐射式缆机

当两台缆机共用一个固定塔架时，移动塔可布置在同一高程，也可布置在不同高程。

（3）平移式和辐射式混合布置

根据工程具体情况，可采用平移式与辐射式混合布置，两者也可形成穿越式。缆机布置的一般原则为：尽量缩小缆机跨度和塔架高度；控制范围尽量覆盖所有坝块；缆机平台工程量尽量小，双层缆机布置要使低缆浇筑范围不低于初期发电水位；供料平台要平直且尽量少压或不压坝块。

采用缆机方案，应尽量全部覆盖枢纽建筑物，满足高峰期浇筑量。共3台20t辐射式缆机，跨度420 m，主塔高40 ~ 60 m，副塔高15 ~ 20 m。其中，缆机3布置较低，主要担任厂房运输浇筑任务。

缆机方案布置，有时由于地形地质条件限制，或者为了节约缆机平台工程量和设备投资，往往缩短缆机跨度和塔架高度，甚至将缆机平台降至坝顶高程。这时，就需要其他运输设备配合施工，还可以采用缆机和门机、塔机结合施工的方案。

4.皮带机运输混凝土

采用皮带机运输方案，常用自卸汽车运料到浇筑地点，卸入转料储料斗后，再经皮带机转运入仓，每次浇筑的高度约10 m，适用于基础部位的混凝土运输浇筑，如水闸底板、护坦等。

（二）混凝土运输浇筑方案的选择

混凝土运输浇筑方案对工程进度、质量、工程造价将产生直接影响，须综合各方面的因素，经过技术经济比较后进行选定。在方案选择时一般须考虑下列因素：枢纽布置、水工建筑物类型、结构和尺寸，特别是坝的高度；工程规模、工程量和按总进度拟定的施工阶段控制性浇筑进度、强度及温度控制要求；施工现场的地形、地质条件和水文特点；导流方式及分期和防洪度汛措施；混凝土拌和楼（站）的布置和生产能力；起重机具的性能和施工队伍的技术水平、熟练程度及设备状况。

上述各种因素互相依存、互相制约。因此，必须结合工程实际，拟订出几个可行方案进行全面的技术经济比较，最后选定技术上先进、经济上合理、设备供应现实的方案。可按下列不同情况确定：

高度较大的建筑物，其工程规模和混凝土浇筑强度较大，混凝土垂直运输占主要地位。常以门机、塔机—栈桥、缆机、专用皮带机为主要方案，以履带式起重机及其他较小机械设备为辅助措施。在较宽河谷上的高坝施工，常采用缆机与门机、塔机（或塔带机）相结合的混凝土运输浇筑方案。

高度较低的建筑物。如低坝、水闸、船闸、厂房、护坦及各种导墙等。可选用门机、塔机、履带式起重机、皮带机等作为主要方案。

工作面狭窄部位。如隧洞衬砌、导流底孔封堵、厂房二期混凝土部分回填等，可选择混凝土泵、溜管、溜槽、皮带机等运输浇筑方案。

混凝土运输方案选择的基本步骤如下：

第一，根据建筑物的类型、规模、布置和施工条件，拟订出各种可能的方案。

第二，初步分析后，选择几个主要方案。

第三，根据总进度要求，对主要方案进行各种主要机械设备选型和需要数量的计算，进行布置，并论证实现总进度的可能性。

第四，对主要方案进行技术经济分析，综合方案的主要优缺点。

第五，最后选定技术上先进、经济上合理及设备供应现实的方案。

混凝土运输浇筑方案的选择通常应考虑如下原则：

一是运输效率高，成本低，运输次数少，不易分离，容易保证质量。

二是起重设备能够控制整个建筑物的浇筑部位。

三是主要设备型号单一，性能优良，配套设备能使主要设备的生产能力充分发挥。

四是在保证工程质量的前提下能满足高峰浇筑强度的要求。

五是除满足混凝土浇筑外，还能最大限度地承担模板、钢筋、金属结构及仓面的小型机具的吊运工作。

六是在工作范围内，设备利用率高，不压浇筑块，或不因压块而延误浇筑工期。

（三）起重机数量的确定

起重机的数量取决于混凝土最高月浇筑强度和所选起重机的浇筑能力。

起重机数量确定后，再结合工程结构的特点、外形尺寸、地形地质等条件进行布置，并从施工方法上论证实现总进度的可能性。必须指出，大中型工程各施工阶段的浇筑部位和浇筑强度差别较大，因此应分施工阶段进行设备选择和布置，并注意各阶段的衔接。

二、混凝土坝的分缝与分块

（一）纵缝分块

纵缝分块是用平行于坝轴线的铅直缝把坝段分为若干柱状体，所以又称为柱状分块。沿纵缝方向存在着剪应力，而灌浆形成的接缝面的抗剪强度较低，须设置键槽以增强缝面抗剪能力。键槽的两个斜面应尽可能分别与坝体的两组主应力相垂直，从而使两个斜面上的剪应力接近于零。键槽的形式有两种：不等边直角三角形和不等边梯形。为了施工方便，各条纵缝的键槽往往做成统一的形式。

为了便于键槽模板安装并使先浇块拆模后不形成易受损的突出尖角，三角形键槽模板总是安装在先浇块的铅直模板的内侧面上，直角的对边是铅直的。为了使键槽面与主应力垂直，若上游块先浇，则应使键槽直角的短边在上、长边在下；反之，下游块先浇，则应长边在上、短边在下。施工中应注意这种键槽长短边随浇筑顺序而变的关系。

在施工中由于各种原因常出现相邻块高差。混凝土浇筑后会发生冷却收缩和压缩沉降导致的变形。键槽面挤压可能引起两种恶果：一是接缝灌浆时浆路不通，影响灌浆质量；二是键槽被剪断。所以，相邻块的高差要做适当控制。高差控制多少，除与坝块温度及分缝间距等有关外，还与先浇块键槽下斜边的坡度密切相关。当长边在下，坡度较陡时，对避免挤压有利；当短边在下，坡度较缓时，容易形成挤压。所以，有些工程施工时，把相邻块高差区分为正高差和反高差两种。上游块先浇（键槽长边在下）形成的高差称为正高差，一般按 $10 \sim 12$ m 控制。下游块先浇（键槽短边在下）形成的高差称为反高差，从严控制为 $5 \sim 6$ m。

采用纵缝分块时，分缝间距越大，块体水平断面越大，纵缝数目和缝的总面积越小，接缝灌浆及模板作业工作量越少，但温度控制要求越严。如何处理它们之间的关系，要视具体条件而定。从混凝土坝施工发展趋势看，明显地朝着尽量减少纵缝数目，直至取消纵缝进行通仓浇筑的方向发展。

（二）斜缝分块

斜缝分块是大致沿两组主应力之一的轨迹面设置斜缝，缝是向上游或下游倾斜的。斜缝分块的主要优点是缝面上的剪应力很小，使坝体能保持较好的整体性。按理说，斜缝可以不进行接缝灌浆，如柘溪大头坝倾向上游的斜缝只做了键槽、加插筋和凿毛处理；但也有灌浆的，如桓仁大头坝的斜缝。

斜缝不能直通到坝的上游面，以避免库水渗入缝内。在斜缝终止处应采取并缝措施，如布置骑缝钢筋或设置并缝廊道，以免因应力集中导致斜缝沿缝端向上发展。

斜缝分块同样要注意均匀上升和控制相邻块高差。高差过大则两块温差过大，容易在后浇块上出现温度裂缝。

斜缝分块的主要缺点是坝块浇筑的先后顺序受到限制，如倾向上游的斜缝就必须是上游块先浇，下游块后浇，不如纵缝分块那样灵活。

（三）错缝分块

错缝分块是沿高度错开的纵缝进行分块，又叫砌砖法。浇筑块不大（通常块长 20 m 左右，块高 1.5 ~ 4 m），对浇筑设备及温控的要求相应较低。因纵缝不贯通，也无须接缝灌浆。然而施工时各块相互干扰，影响施工速度；浇筑块之间相互约束，容易产生温度裂缝，尤其容易使原来错开的纵缝变为相互贯通。目前这种分块方式已很少采用。

（四）通仓浇筑

通仓浇筑不设纵缝，一个坝段只有一个仓。由于不设纵缝，纵缝模板、纵缝灌浆系统及为达到灌浆温度而设置的坝体冷却设施都可以取消，因而是一个先进的分缝分块方式。由于浇筑块尺寸大，对于浇筑设备的性能，尤其对于温度控制的水平提出了更高的要求。

上述四种分块方法以纵缝法最为普遍。中低坝可采用错缝法或不灌浆的斜缝。如采用通仓浇筑，应有专门论证和全面的温控设计。

第四节　碾压混凝土施工

一、碾压混凝土原材料及配合比

（一）胶凝材料

碾压混凝土一般采用硅酸盐水泥、中热硅酸盐水泥、普通硅酸盐水泥等，胶凝材料用量为120 ~ 160 kg/m³。《水工碾压混凝土施工规范》（DL/T 5112-2021）中规定大体积建筑物内部碾压混凝土的胶凝材料用量不宜低于130 kg/m³。

（二）骨料

骨料选用应根据当地资源条件和工程特点，经试验论证后确定。采用人工骨料时，应采取防止骨料裹粉的措施。冲洗筛分骨料时，应控制好筛分质量，保证各级成品骨料符合要求，并控制细砂、人工砂中石粉的流失。

骨料应有足够的储备量并设有遮阳、防雨及脱水设施。砂的含水率不应大于6%。骨料的质量指标除应符合本规范外，其他质量指标还应符合现行行业标准《水工混凝土施工规范》（DL/T 5144）的规定。

（三）外加剂

碾压混凝土中应用外加剂，其品种及掺量应通过试验确定。

碾压混凝土宜掺用与环境、施工条件、原材料相适应的缓凝高效减水剂，有抗冻要求的还应掺用引气剂。

每批外加剂应有出厂检验报告，并应符合现行行业标准《水工混凝土外加剂技术规程》（DL/T 5100）的规定，使用前应进行品质检验。存放期超过保质期的外加剂不得使用。

（四）掺和料

碾压混凝土掺和料宜选用粒化高炉矿渣粉、磷渣粉、火山灰、石灰石粉等材料，掺用其他掺和料应经试验论证；掺量超过65%时，应做试验论证。

（五）水胶比

水胶比应根据设计要求的混凝土强度等级、抗渗性等级、抗冻性等级、拉伸变形等确定，不宜大于0.65。

（六）对碾压混凝土的要求

混凝土质量均匀，施工过程中粗骨料不易发生分离。

工作度适当，拌和物较易碾压密实，混凝土密度较大。

拌和物初凝时间较长，易于保证碾压混凝土施工层面的良好黏结，层面物理力学性能好。

混凝土的力学强度、抗渗性能等满足设计要求，具有较高的拉伸应变能力。

对于外部碾压混凝土，要求具有适应建筑物环境条件的耐久性。

碾压混凝土配合比经现场试验后调整确定。

碾压混凝土一般可用强制式或自落式搅拌机拌和，也可采用连续式搅拌机拌和，其拌和时间一般比常态混凝土延长30 s左右，故而生产碾压混凝土时拌和楼生产率比常态混凝土低10%左右。碾压混凝土运输一般采用自卸汽车、皮带机、真空溜槽等方式，也有采用坝头斜坡道转运混凝土的。选取运输机具时，应注意防止或减少碾压混凝土骨料分离。

二、碾压混凝土浇筑施工工艺

（一）模板施工

规则表面采用组合钢模板，不规则表面一般采用木模板或散装钢模板。为便于碾压混凝土压实，模板一般用悬臂模板，也可用水平拉条固定。对于连续浇筑上升的坝体，应特别注意水平拉条的牢固性廊道等孔洞宜采用混凝土预制模板。碾压混凝土坝下游面为方便碾压混凝土施工，可做成台阶，并可用混凝土预制模板形成。

（二）平仓及碾压

碾压混凝土宜采用大仓面薄层连续铺筑，铺筑方法宜采用平层通仓法。碾压混凝土铺筑层应按固定方向逐条带摊铺，铺料条带宽根据施工强度确定，为4～12 m，铺料厚度为35 cm，压实后为30 cm，铺料后常用平仓机或平履带的大型推土机平仓。为解决一次摊铺产生骨料分离的问题，可采用二次摊铺，即先摊铺下半层，然后在其上卸料，最后摊铺成35 cm的层厚。采用二次摊铺，料堆之间及周边集中的骨料经平仓机反复推刮后，能有效分散，再辅以人工分散处理，可改善自卸汽车铺料引起的骨料分离问题。当压实厚度较大时，也可分2～3次铺筑。

一条带平仓完成后立即开始碾压。振动碾一般选用自重大于10 t的大型双滚筒自行式振动碾，作业时行走速度为1～1.5 km/h，碾压遍数通过现场试碾确定，一般为无振2遍加有振6～8遍。碾压条带间搭接宽度为10～20 cm，端头部位搭接宽度宜为100 cm左右。条带从铺筑到碾压完成控制在2 h左右。边角部位采用小型振动碾压实。碾压作业完成后，用核子密度仪检测其密度，达到设计要求后进行下一层碾压作业；若未达到设计要求，立即重碾，直到满足设计要求为止。模板周边无法碾压部位一般可加注与碾压混凝土相同水灰比的水泥浓浆后，用插入式振捣器振捣密实。仓面碾压混凝土的值控制在5～10，并尽可能地加快混凝土的运输速度，缩短仓面作业时间，做到在下一层混凝土初凝前铺筑完上一层碾压混凝土。

当采用"金包银法"施工时，周边常态混凝土与内部碾压混凝土结合面尤其要注意做好接头质量。

（三）造缝

碾压混凝土一般采取几个坝段形成的大仓面通仓连续浇筑上升，坝段之间的横缝，一般可采取切缝机切缝（缝内填设金属片或其他材料）、埋设隔板或设置诱导孔等方法形成。切缝机切缝时，可采取"先切后碾"或"先碾后切"的方式，成缝面积不少于设计缝面的60%。埋设隔板造缝时，相邻隔板间隔不大于10 cm，隔板高度应比压实厚度低3～5 cm。设置诱导孔造缝是待碾压混凝土浇筑完一个升程后，沿分缝线用手风钻造诱导孔。成孔后孔内应填塞干燥砂子，以免上层施工时混凝土填塞诱导孔。

（四）层、缝面处理

施工过程中因故中止或其他原因造成层面间歇的，视层面间歇时间的长短采用不同的处理方法。对于层面间歇时间超过直接铺筑允许时间的，应先在层面上铺一层垫层拌和物后，然后继续进行下一层碾压混凝土摊铺、碾压作业；间隔时间超过加垫层铺筑允许时间的层面即为冷缝。

垫层拌和物可使用与碾压混凝土相适应的灰浆、砂浆或小骨料混凝土。其中，砂浆的摊铺厚度为 1.0 ~ 1.5 cm。碾压混凝土摊铺前，砂浆铺设随碾压混凝土铺料进行，不得超前，以保证在砂浆初凝前完成碾压混凝土的铺筑。

施工缝及冷缝必须进行缝面处理，缝面处理可用刷毛、冲毛等方法清除混凝土表面的浮浆及松动骨料。层面处理完成并清洗干净，经验收合格后，先铺垫一层拌和物，然后立即铺筑下一层混凝土继续施工。

（五）常态混凝土及变态混凝土施工

坝内常态混凝土宜与主体碾压混凝土同步进行浇筑。变态混凝土是在碾压混凝土拌和物的底部和中部铺洒同水灰比的水泥粉煤灰净浆，采用插入式振捣器将其振捣密实。灰浆应按规定用量在变态范围或距岩面或模板 30 ~ 50 cm 范围内铺洒。相邻区域混凝土碾压时与变态区域搭接宽度应大于 20 cm。

（六）碾压混凝土的养护

施工过程中，碾压混凝土的仓面应保持湿润。施工间歇期间，碾压混凝土终凝后即应开始洒水养护。对水平施工缝和冷缝，洒水养护应持续至下一层碾压混凝土开始铺筑为止；对永久暴露面，有温控要求的碾压混凝土，应根据温控设计采取相应的防护措施，低温季节应有专门的防护措施。

三、碾压混凝土温度控制

（一）碾压混凝土温度控制标准

由于碾压混凝土胶凝材料用量少，极限拉伸值一般比常态混凝土小，其自身抗裂能力比常态混凝土差，因此其温差标准比常态混凝土严。《混凝土重力坝设计规范》（NB/T 35026-2022）中规定，当碾压混凝土 90 d 极限拉伸值不低于 0.80×10^{-4}，基岩变形模量与混凝土弹性模量相近、短间歇均匀上升时，其碾压混凝土坝基础容许温差可采用以下规定的数值。①浇筑块长边长度30 m以下，当距基础面高度是它的0 ~ 0.2倍时，碾压混凝土基础容许温差是20.0℃ ~ 16.5℃；当距基础面高度是它的0.2 ~ 0.4倍时，碾压混凝土基础容许温差是21.0℃ ~ 18.5℃。②浇筑块长边长度30 m ~ 70 m，当距基础面高度是它的0 ~ 0.2倍时，碾压混凝土基础容许温差是16.5℃ ~ 14.0℃；当距基础面高度是它的0.2 ~ 0.4倍时，碾压混凝土基础容许温差是18.5℃ ~ 16.5℃。③浇筑块长边长度70 m以上，当距基础面高度是它的0 ~ 0.2倍时，碾压混凝土基础容许温差是14.0℃ ~ 12.0℃；当距基础面高度是它的0.2 ~ 0.4倍时，碾压混凝土基础容许温差是16.5℃ ~ 14.0℃。

（二）碾压混凝土温度计算

由于碾压混凝土采用通仓薄层连续浇筑上升，混凝土内部最高温度一般采用差分法或有限元法进行仿真计算。计算时每一碾压层内竖直方向设置3层计算点，水平方向则根据计算机容量设置不同数量计算点。碾压混凝土因胶凝材料用量少，且掺加大量粉煤灰，其水化热温升一般较低，冬季及春秋季施工时期内部最高温度比常态混凝土低。

（三）冷却水管埋设

碾压混凝土一般采取通仓浇筑，且为保证层间胶结质量，一般安排在低温季节浇筑，不需要进行初、中、后期通水冷却，从而不需要埋设冷却水管。但对于设有横缝且须进行接缝灌浆，或气温较高，混凝土最高温度不能满足要求时，也可埋设水管进行初、中、后期通水冷却。三峡工程在碾压混凝土纵向围堰及纵堰坝身段下部碾压混凝土中，均埋设了冷却水管。施工时冷却水管一般布设在混凝土缝面上，水管间距为2 m，开始采用挖槽埋设，此法费工、费时，效果亦不佳。之后改在施工缝面上直接铺设，用钢筋或铁丝固定间距，开仓时用砂浆包裹，推土机入仓时先用混凝土做垫层，避免履带压坏水管。一般在收仓后24 h开始进行初期通水冷却，通水流量为18 ~ 20 L/min，通水时间不少于7 d，可降低混凝土最高温度3℃ ~ 5℃。

（四）温控措施

碾压混凝土主要温控措施同常态混凝土一致。但铺筑季节受较大限制，高温季节表面水分散发影响层间胶结质量，一般要求在低温季节浇筑。

第五章　地下建筑、渠道建筑及泵站施工

第一节　地下建筑工程施工

一、地下工程开挖方式

地下工程按体形和布置形式可分为平洞、斜井、竖井和地下厂房。

（一）平洞施工过程和施工特点

平洞（坡度小于等于6°的隧洞）施工常用钻眼爆破法开挖，其主要施工工序是钻孔、装药、爆破、通风散烟、清撬、出渣、检查及测量放线。在地质条件较差地段，应增加锚杆支护、混凝土衬砌、灌浆等工序，同时还需要进行排水、照明、供水、供电等辅助工作，保证平洞施工的顺利进行。因此，钻眼爆破法施工有以下三个特点。

第一，施工作业空间狭小、工序多、交叉作业多、施工干扰大、工期长。在长隧洞施工中，由于施工进度的要求，还须开挖施工支洞以增加工作面，增加了工程造价。

第二，洞线地质条件直接决定平洞的施工方法。岩石是成洞开挖的对象，又是成洞后支护的对象。在施工中应充分了解洞周的围岩性质，根据不同围岩类别，采用不同的开挖方法和支护措施，发挥围岩的自承稳定能力，加快施工进度，节省工程造价。

第三，平洞施工基本上不受外界气候影响，但施工条件差，粉尘及有害气体不易排出。因此，在施工中必须严格遵守安全操作规程，制定相应安全技术措施，确保施工人员的生命安全。

平洞开挖的基本要求是：开挖断面尺寸必须符合设计要求，尽可能减少超、

欠挖；控制装药量，尽量减小对洞周围岩的破坏，以提高围岩的自稳能力；同时使爆落的岩块大小适度，以便出渣；合理布置炮孔位置、炮孔数量和炮孔深度，以提高爆破效果，加快施工进度，降低工程造价。因此，必须根据洞线地质条件、平洞形式和断面尺寸、工期要求及施工机械特性等综合分析，经过经济技术比较后再选定合理的开挖方法。

1.全断面开挖法

全断面开挖是将平洞整个断面一次性钻孔爆破开挖成洞。衬砌或支护，须待全洞贯通以后或掘进相当距离后进行，并视围岩开挖后允许暴露的时间和总的施工安排而定。

全断面开挖一般适用于围岩坚固稳定，对应岩石坚固系数8～10，有大型开挖衬砌设备的情况。目前，国内外的全断面开挖高度为8～10 m，主要由使用的多臂钻机或全断面掘进机的工作高度（直径）控制。

采用全断面开挖方法，洞内工作场面较大，施工组织较容易安排，施工干扰小，有利于提高平洞施工速度。当缺乏大型施工机械设备而无法进行全断面开挖时，可采用断面分层开挖方法，即将工作面分为上下两层，上层超前2～4 m，上下层同时爆破掘进。具体施工顺序是爆破散烟及安全检查后，清理上台阶的石渣，进行上层工作面的钻孔；同时下台阶出渣，清渣后下层工作面钻孔；钻孔完成后，上下层炮孔同时装药，一起爆破，保持上下工作面掘进深度一致。

2.导洞开挖法

导洞开挖就是在平洞中先开挖一个小断面的洞，作为先导，然后扩大至整个设计断面的开挖方法。

导洞的形状和尺寸应根据导洞位置、山岩压力、出渣运输、通风和排水等要求来确定。导洞断面较小有利于围岩的稳定；同时通过导洞开挖，可进一步探明地质情况，并利用导洞解决排水问题；导洞贯通以后还有利于改善洞内通风条件。

按照导洞在设计断面中的相对位置，导洞开挖法可分为下导洞开挖法、上导洞开挖法等不同方式。

（1）下导洞开挖法

下导洞开挖法是导洞布置在断面下部中央，开挖后向上、向两侧扩大至全断面。其施工顺序是，先开挖下导洞，并架设漏斗棚架，然后向上拉槽至拱顶，再由拱部两侧向下开挖。上部岩渣可经漏斗棚架装车出渣，所以又称为漏斗棚架法，其优点是出渣线路不必转移，排水容易，工序之间施工干扰小。但当地质条件较差时，施工则不够安全。适用于围岩基本稳定的大断面隧洞或机械化程度较低的中小断面平洞。

（2）上导洞开挖法

上导洞开挖法是导洞布置在断面顶拱中央，开挖后由两侧向下扩大。其施工顺序是，先开挖顶拱中部，再向两侧扩拱，及时衬砌顶拱，然后再转向下部开挖衬砌。此法优点是先开挖顶拱，可及时做好顶拱衬砌，下部施工在拱圈保护下进行，比较安全。

（3）中央导洞法

中央导洞法是导洞布置在断面中央，导洞全线贯通后向四周辐射钻孔开挖。此法适用于围岩基本稳定，不须临时支护，且具有柱架式钻机的大中断面的平洞。其优点是利用柱架式钻机，可以一次钻完四周辐射炮孔，钻孔和出渣可平行作业。

（二）大型洞室施工程序

水电站地下厂房的特点是断面很大，交叉洞口多，形成复杂的洞室群。许多地下厂房的吊车梁结构，采用岩锚梁式，与支护、混凝土浇筑等工序交叉施工，具有干扰大、劳动条件差、不安全因素较多等特点。

大型洞室的施工一般都要考虑变高洞为低洞，变大跨度为小跨度的原则。采取先拱部后底部，先外缘后核心，自上而下分部开挖与衬砌支护交叉的施工方法，以保证施工过程中围岩的稳定。20世纪70年代以前，大断面地下厂房开挖多采取多导洞分层施工方法。自鲁布革水电站地下厂房施工开始，大都转为采用喷锚支护技术、岩铺吊车梁结构和大型施工机械，简化了分部开挖程序，加快了施工进度。

地下厂房施工通常可分为拱顶、主体和交叉洞三大部分。顶拱开挖应根据围岩条件和断面大小，采用全断面法开挖或先开挖中导洞两侧跟进的分部开挖方法。层高为 7 ～ 9 m，采用预裂爆破或光面爆破成型。若围岩稳定性较差，则采取开挖两侧导洞，中间岩柱起支撑作用的先墙后拱法。若围岩稳定性很差，则可采用肋墙肋拱法施工，即先开挖上下侧壁导洞，沿导洞跳格开挖并衬砌边墙（肋墙）；然后利用上部侧壁导洞跳格开挖并衬砌顶拱（肋拱）；最后挖除肋拱、肋墙之间的岩体，完成肋拱、肋墙之间的衬砌。

（三）竖井、斜井和斜洞的施工程序

井线与水平夹角大于75°为竖井，井线与水平夹角48°～75°为斜井，洞线与水平夹角6°～48°为斜洞。由于竖井和斜洞具有各自的特点，其施工方法分述如下。

1.竖井

竖井的施工特点是竖向作业，竖向开挖、出渣和竖向衬砌。竖井往往与水平隧洞相通。可先挖通这些水平通道，为竖井施工的出渣和衬砌材料运输等创造有利条件。一般竖井开挖有全断面法和导井法两种。

（1）全断面法

竖井的全断面施工方法一般按照自上而下的程序进行。该法施工程序简单，但施工时要注意做好竖井锁口，确保井口稳定；起重提升设备应有专门设计，确保人员、设备和石渣的安全提升；做好井内外排水、防水；在围岩稳定性较差或不良地层中修筑竖井，宜开挖一段衬砌一段，或采用预灌浆方法加固后再进行开挖、衬砌；井壁有不利的节理裂隙组合时，要及时进行锚固。

（2）导井法

导井法即在竖井的中部先开挖导井（断面面积4～5 m²），然后再扩大。扩大开挖的石渣，经导井落入井底，由井底水平通道运出洞外，以减轻出渣工作量。导井开挖亦可采用自上而下或自下而上的作业。前者常采用普通钻爆法、一次钻孔分段爆破法或大钻机钻进法；后者常需要用钻机钻出一个贯通的小口径导轨，然后再用爬罐法、反井钻机法或吊罐法开挖出断面面积满足溜渣需要的导井。

钻爆法、大钻机钻进法和吊罐法由于工作条件差、钻孔偏差大，一般只适用于深度不大的井。爬罐法所需劳动力少、开挖进度快，是目前开挖导井的主要方法。反井钻机法具有钻进快、精度高、施工安全、质量好等优点，较适用于中等硬度岩石。

扩大开挖可以自上而下逐层下挖，也可以自下而上，常用溜渣作业，逐层上挖。前者自竖井周边至导井口，应留有适当的坡度，以便出渣，但要控制渣面高

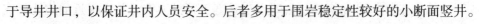

于导井井口，以保证井内人员安全。后者多用于围岩稳定性较好的小断面竖井。

2.斜井和斜洞

倾角大于48°的斜井洞室开挖，施工条件与竖井相近，可按竖井开挖方法施工。倾角为6°～30°的斜洞，一般采用自上而下的全断面开挖法，用卷扬机提升出渣，挖通后衬砌。倾角为30°～48°的斜洞可采用自下而上挖导井，自上而下扩大开挖法，尽可能利用重力溜渣；不能自动溜渣时，应辅以电动扒渣机扒渣，以减轻扩大出渣的劳动强度。

二、钻孔爆破法开挖

钻孔爆破法主要施工流程为钻孔、装药、爆破、出渣及相应的辅助工作。

（一）钻孔爆破设计

钻孔爆破设计的主要任务是：确定开挖断面的炮孔布置，即各类炮孔的位置、方向和深度；确定各类炮孔的装药量、装药结构及堵孔方式；确定各类炮孔的起爆方法和起爆顺序。

1.炮孔类型及布置

按炮孔的作用可将炮孔分为掏槽炮孔、崩落炮孔和周边炮孔。

（1）掏槽炮孔

掏槽炮孔的主要作用是增加临空面，以提高爆破效果，常布置于开挖断面的中部。按布孔的形式可分为楔形掏槽、锥形掏槽和直孔掏槽三类。楔形掏槽与锥形掏槽的钻孔方向与开挖断面是斜交的，故又称为斜孔掏槽。

①楔形掏槽。由2～4对对称的相向倾斜的炮孔组成，爆破后能形成楔形掏槽。对于层理大致垂直或倾斜的岩层，往往采用垂直楔形掏槽。水平楔形掏槽适用于岩层层理接近于水平的围岩或整体均匀的围岩，但因向上倾斜钻孔作业比较困难，运用较少。楔形掏槽炮孔的夹角与布置可根据岩石的坚固系数值选定。

②锥形掏槽。数个掏槽炮孔呈角锥形布置，各孔以大体相同角度向中心轴线倾斜，孔底趋于集中，但不贯通，爆破后形成锥形掏槽。炮孔倾斜角度为60°～70°，岩石越硬，倾角越小。按炮孔数目的不同，分为三角锥、四角锥、五角锥等。

③直孔掏槽。直孔掏槽是由若干个垂直于开挖面彼此距离很近的炮孔组成的掏槽。由于掏槽炮孔与工作面垂直布置，炮孔深度不受开挖面尺寸限制，便于钻孔作业。在钻直孔时，多台凿岩机可同时作业且相互干扰小，有利于提高钻机效率。

直孔掏槽适用于各种岩层的隧洞爆破开挖，因此，直孔掏槽爆破已成为当前广泛采用的掏槽方式。

（2）崩落炮孔

崩落炮孔的主要作用是爆落岩体，为周边炮孔的爆破创造有利条件。为此，崩落炮孔大致均匀地分布在掏槽外围。炮孔垂直于工作面，炮孔深度应在同一平面，以保证工作面平整。炮孔间距由岩体硬度和岩渣块度来确定，一般间距为：软石100～120 cm，中硬石80～100 cm，坚硬石60～80 cm，特硬石50～60 cm。

（3）周边炮孔

周边炮孔的主要任务是控制开挖轮廓，布置在开挖断面的四周。周边炮孔的孔口应距开挖断面设计边线10～20 cm，以利于钻孔作业。钻孔时应控制孔的倾斜角度和深度，使孔底落在同一平面上。孔底距设计边界的距离视岩石的硬度而确定。中硬岩石，孔底可达到设计边界；软岩，孔底在设计边界内10 cm；坚硬岩石，孔底应超出设计边界10～15 cm。

为了减弱对围岩的影响和减少超、欠开挖量，对于开挖断面上的周边炮孔，应采用轮廓控制光面爆破技术。根据工程地质条件，用"类比法"初选爆破参数，然后通过试验调整，据以指导施工。

2.炮孔数量、装药量和深度

工作面上炮孔数量和装药量，受岩层性质、炸药性能、爆破时自由面状况、炮孔大小和深度、装药方式、工作面的形状和大小及岩渣的块度等多种因素的影响。

（1）炮孔数量

初步计算时，可应用装药量平衡原理计算炮孔数量，即炮孔数目正好能容纳该次爆破岩体所必需的炸药用量。

（2）炮孔装药量

根据炮孔的位置不同，需要不同的装药量，并在爆破开挖过程中加以检验和修正。

（3）炮孔深度

炮孔深度主要与开挖面的尺寸、掏槽形式、岩层性质、钻机、自由面数目和循环作业时间的分配等因素有关。加大炮孔深度无疑可以提高掘进速度。但是炮孔深度增加，钻孔速度与炮孔利用率将降低，炸药消耗量亦随之增加。合理的炮孔深度，能提高爆破效果、降低开挖费用、加快掘进速度。因此，合理的炮孔深度，应综合分析确定。

合理的炮孔深度还应与循环作业时间相协调，循环作业时间常采用4 h、6 h、8 h、16 h、24 h等。

（二）钻孔爆破循环作业

钻孔爆破法开挖地下工程，其施工工序包括钻孔、装药、堵塞、设备撤离、起爆、通风排烟、安全检查与处理、临时支护、出渣、延长运输线路和风水电管线铺设等。掘进一次的工序组合称为钻孔爆破循环作业。每完成一次循环作业，工作面大致按炮孔深度向前推进一段，如此周而复始，直到开挖结束。

1.钻孔作业

钻孔作业强度很大，所花时间常占循环时间的1/4 ～ 1/2，且钻孔的质量对洞室开挖规格、爆破效率和施工安全影响极大。目前，常用钻孔设备有凿岩机和凿岩台车。

凿岩机可分为手持式、柱架式和气腿式。凿岩台车有窄轨式台车，履带式、轮胎式多臂台车，其特点是凿岩机可由支架自由移动至需要位置，并借助推动装置自动推进凿岩，提高了钻孔孔位的精度和钻孔速度，适用于围岩稳定性较好的大中断面。

钻孔前应采用激光系统定位，严格按照标定的炮孔位置及设计钻孔深度、角度和孔径进行钻孔。国外在钻凿掏槽炮孔时，通常使用带轻便金属模板的掏槽钻孔夹具来保证掏槽炮孔的准确性。

2.出渣运输

出渣运输是隧洞开挖中费力费时的工作，占循环时间的1/3 ～ 1/2，它是控制掘进速度的关键工序，在大断面洞室中尤其突出。因此，必须制定切实可行的施工组织措施，规划好洞内外运输线路和弃渣场地，通过计算选择配套的运输设备，拟定装渣运输设备的调度运行方式和安全运行措施。

常见配套方式包括：棚架漏斗装渣，机车牵引斗车出渣；装岩机装渣，机车牵引斗车或矿车出渣；装载机或挖掘机装渣，自卸汽车出渣。

3.临时支护

临时支护形式很多，可分为传统的构架式支撑和锚喷支护两类。按照使用的材料又可分为木支撑、钢支撑、预制钢筋混凝土支撑等。应根据地质条件、材料来源及安全经济要求来选择。

木支撑具有质量轻，加工、架立方便，损坏前有显著变化，不会突然折断等优点。其结构形式分为门框形、拱形和扇形。由于木支撑要耗费大量木材，故已少用。

钢支撑承载能力强，占空间小，可多次使用，但使用钢材多，一次性费用高。其结构形式分为门框形和拱形。在破碎且不稳定的岩层中，当支撑需要留在混凝土衬砌中时，也需要采用钢支撑。

预制钢筋混凝土支撑用于围岩软弱，山岩压力大，支撑须留在衬砌内，钢材又缺乏时。但因构件质量轻，安装运输不方便，所以只适用于中小断面。

4.辅助作业

地下工程施工的辅助作业有通风、防尘、消烟、照明和风水电供应等工作，做好这些辅助作业，可以改善施工人员工作环境，加快施工进度。

（1）通风、防尘及消烟

通风、防尘及消烟的目的是排除因钻孔、爆破、装岩、内燃机尾气等产生的有害气体，降低岩尘含量，及时供给工作面充足的新鲜空气，改善洞室内的温度、湿度和气流速度，使之符合洞室施工卫生要求。

通风方式有自然通风和机械通风两种，小于40 m的短洞可以采用自然通风。

机械通风其基本形式有压入式、吸出式和混合式三种。压入式通风是将新鲜空气通过风管直接送到工作面，混浊空气由洞身排至洞外。其优点是工作面很快获得新鲜空气。吸出式通风是通过风管将工作面的混浊空气吸走并排至洞外，新鲜空气由洞口流入洞内。其优点是工作面混浊空气较快地被吸出，但新鲜空气流入较缓慢。混合式通风是在爆破后进行排烟时用吸出式，经常性通风时用压入式，充分发挥上述两种方式的优点。

机械通风方式的选择取决于洞室形式、断面大小和隧洞长度。竖井、斜井和短洞开挖，可采用压入式通风；小断面长洞开挖时，宜采用吸出式通风；大断面长洞开挖时，宜采用混合式通风。

在改善通风的同时，还要重视对粉尘和有害气体的控制。湿钻凿岩、爆破后喷雾降尘、出渣前对石渣喷水防尘等都是降低空气中粉尘含量行之有效的措施。洞内施工严禁使用汽油发动机，使用柴油机时，应加设废气净化装置，降低有害尾气的排放。

（2）风水电供应及排水

洞室在整个开挖循环作业中，风水电供应及排水须统筹考虑。输送到工作面的压缩空气，应保证风量充足，风压不低于500 kPa。施工用水的数量、质量和压力，应满足钻孔、喷锚、衬砌、灌浆等作业的要求。洞内动力、照明、电力起爆的供电线路应按需要分开架设，并注意防水和绝缘；洞内照明应采用36 V或24 V的低压电，保证照明亮度。洞内排水系统必须畅通，保证工作面和路面无积水。

三、掘进式开挖

掘进机是一种专用的隧洞掘进设备。它利用机械完成开挖、出渣及混凝土（钢）管片安装的联合作业，连续不断地进行掘进。掘进机从20世纪50年代开始在世界范围内得到应用，中国从20世纪60年代开始，曾先后在云南西洱河一级电站、引滦工程新王庄隧洞、天生桥二级7 S电站、山西引黄入晋隧洞、万家寨引水工程和秦岭铁道路线等工程中应用，为中国隧洞掘进机施工积累了宝贵的经验。

（一）掘进机的类型和工作原理

掘进机根据破碎岩石的方法，大致可以分为挤压式和切削式（铣削式）两种类型。挤压式主要是通过水平推进油缸，使刀盘上的滚刀强行压入岩体，并在刀盘旋转推进过程中，用挤压和剪切的联合作用破碎岩体。切削式利用岩石抗弯、抗剪强度低的特点，靠铣削（剪切）加弯折，破碎岩体。

按照掘进机的作业面是否封闭可分为开敞式、单护盾掘进机和双护盾掘进机。开敞式掘进机适用于围岩稳定性好的场合，护盾式掘进机适用于围岩较软弱、进行混凝土（钢）管片安装的场合。

掘进机一般由刀盘、机架、推进缸、套架、支撑缸、皮带机及动力间等部分组成。掘进时，通过推进缸给刀盘施加压力，滚刀旋转切碎岩体，由装在刀盘上的集料斗转至顶部，通过皮带机将岩渣运至机尾，卸入其他运输设备运走。为了避免粉尘危害，掘进机头部装有喷水及吸尘设备，在掘进过程中连续喷水、吸尘。

目前，已生产的掘进机大多适用于圆形断面、地质条件良好、岩石硬度适中、岩性变化不大的隧洞。对于非圆形断面隧洞的开挖，通常通过调整刀盘倾角来实现。掘进机一般多用于平洞的全断面开挖。对于大型隧洞的开挖，也可先采用掘进机开挖导洞，而后采用传统的钻爆方法扩挖。

（二）掘进机开挖的优点

利用机械切割、挤压破碎，能使掘进、出渣、衬砌支护等作业平行连续地进行，工作条件比较安全，节省劳力，整个施工过程能较好地实现机械化和自动控制。

在地质条件单一、岩石硬度适宜的情况下，可以提高掘进速度。

掘进机挖掘的洞壁比较平整，断面均匀，超、欠挖量少，围岩扰动少，对衬砌支护有利。

四、隧洞衬砌与灌浆

地下洞室开挖后，为了防止围岩风化和坍落，保证围岩稳定，往往要对洞壁进行衬砌。衬砌类型有现浇混凝土或钢筋混凝土衬砌、混凝土预制块或条石衬砌、预填骨料压浆衬砌等。本节仅介绍隧洞现浇混凝土及钢筋混凝土衬砌施工。

（一）隧洞衬砌的分段分块及浇筑顺序

水工隧洞较长，纵向需要分段进行浇筑。分段长度根据围岩条件、隧洞断面尺寸、施工浇筑能力与混凝土冷却收缩等因素而定，分段长度以 9 ~ 15 m 为宜。当结构上设有永久伸缩缝时，可利用结构永久缝分段；当结构永久缝间距过大或无永久缝时，可设施工缝分段，并做好施工缝的处理。

分段浇筑的顺序有跳仓浇筑、分段流水浇筑和分段留空档浇筑等不同方式。当地质条件较差时，采用肋拱肋墙法施工，这是一种开挖与衬砌交替进行的跳仓浇筑法。对于无压平洞，结构上按允许开裂设计时，也可采用滑动模板连续施工的浇筑方式，以加快衬砌施工，但施工工艺必须严格控制。

衬砌施工在横断面上，衬砌施工常分块进行。一般分成底拱（底板）、边拱（边墙）和顶拱三块。横断面上的浇筑顺序，正常情况是先底拱（底板）、后边拱（边墙）和顶拱，其中边拱（边墙）和顶拱，可以连续浇筑，也可以分开浇筑，由浇筑能力或模板形式而定。地质条件较差时，可以先浇筑顶拱，后边拱（边墙）和底拱（底板）。当采用开挖和衬砌平行作业时，由于底板清渣无法完成，可采用先边拱（边墙）和顶拱，最后浇筑底拱（底板）的浇筑顺序。

隧洞衬砌用的模板，按浇筑部位不同，可分为底拱模板、边拱（边墙）和顶拱模板。不同部位的模板，其构造和使用特点各不相同。

对底拱而言，当中心角较小时，可以像平底板浇筑那样，只立端部挡板，不用表面模板，在混凝土浇捣中，用弧形样板将表面刮成弧形。对于中心角较大的底拱，一般采用悬挂式弧形模板。浇筑前，先立端部挡板和弧形模板的桁架，悬挂式弧形模板是随着混凝土的浇筑升高的，从中间向两旁逐步安装。安装时，应将运输系统的支撑与模板架支撑分开，避免引起模板位移走样。对洞径一致的中、大型隧洞的底拱浇筑，也可采用拖模法施工，但必须严格控制施工工艺。

边拱（边墙）和顶拱的模板，常用的有桁架式和移动式两种。

桁架式模板又称为拆移式模板，主要由面板、桁架、支撑及拉条等组成，通常是在洞外先将桁架拼装好，运入洞内安装就位，再安装面板。

移动式模板主要由车架、可绕铰转动的模板支架和钢模板组成。车架和支架用型钢构成，车架可通过行走机构移动，故又称为钢模台车，它具有全断面一次成型、施工进度快及成本低等优点。

（二）衬砌混凝土的浇筑和封拱

由于隧洞衬砌的工作面狭窄，混凝土的运输和浇筑及浇筑前钢筋的绑扎安装等工作都较困难，采用合理的施工方案、先进的施工技术和组织设计尤为重要。隧洞衬砌内的钢筋，在洞外制作，运入洞内安装绑扎。绑扎钢筋工作常在立好模板并预留端部挡板的时候进行。钢筋靠预先插入岩壁的锚筋固定。如采用钢筋台车绑扎钢筋，则应先绑扎钢筋后立模板。

隧洞衬砌多采用二级配混凝土。对中小型隧洞，混凝土一般采用斗车或轨式混凝土搅拌运输车，由电瓶车牵引运至浇筑部位；对大中型隧洞，则多采用

$3 \sim 6 \ m^3$ 的轮式混凝土搅拌运输车运输。在浇筑部位，常用混凝土泵将混凝土压送并浇入仓内。泵送混凝土的配合比，应保证有良好的和易性和流动性，其坍落度为 $8 \sim 16 \ cm$。

在浇筑顶拱时，对浇筑段的最后一个预留窗口的封堵称为封拱。由于受仓内工作条件限制，使混凝土形成完整拱圈的封拱工作，常采取以下两种措施。

1.封拱盒封拱

当最后一个顶拱预留窗口，工人无法操作时，退出窗口，并在窗口四周装上模框，将窗口浇筑成长方形，待混凝土强度达到 1 MPa 后，拆除模框，洞口凿毛，装上封拱盒封拱。

2.混凝土泵封拱

使用混凝土泵浇筑顶拱混凝土时，即将导管的末端接上冲天尾管，垂直穿过模板伸入仓内。冲天尾管的位置应用钢筋固定，尾管之间的距离根据混凝土扩散半径确定，为 $4 \sim 6 \ m$，离端部约 1.5 m，尾管出口与岩面的距离为 20 cm 左右。其原则是在保证压出的混凝土能自由扩散的前提下，越贴近岩面，封拱效果越好。为了排除仓内空气和检查拱顶混凝土充填情况，在仓内最高处设置通气孔。为了便于人进仓工作，在仓的中央设置进入孔。

混凝土泵封拱的步骤如下：当混凝土浇筑至顶拱仓面时，撤出仓内各种器材，并尽量填高；当混凝土浇筑至与进入孔齐平时，撤出仓内人员，封闭进入孔，增大混凝土坍落度（达 $14 \sim 16 \ cm$），并加快泵送深度，直至通气管开始漏浆或压入混凝土超过预计量时止；停止压送混凝土后，拆除尾管上包住预留孔眼的铁箍，从孔眼中插入钢筋，防止混凝土下落，并拆除尾管；待混凝土凝固后，将外伸的尾管割除，用灰浆抹平。

（三）隧洞灌浆

隧洞灌浆有回填灌浆和固结灌浆。前者的作用是填塞围岩与衬砌间的空隙，所以只限于拱顶一定范围内；后者的作用是加固围岩，提高围岩的整体性和强度，其范围包括断面四周的围岩。

灌浆孔可在衬砌时预留，孔径为 $38 \sim 50 \ mm$。灌浆孔沿洞轴线 $2 \sim 4 \ m$ 布置一排，各排孔位交叉排列。同时还须布置一定数量的检查孔，用以检查灌浆质量。

水工隧洞灌浆应按先回填后固结的顺序进行，回填灌浆应在衬砌混凝土达到70%设计强度后尽早进行。回填灌浆结束7 d后再进行固结灌浆。灌浆前应对灌浆孔进行冲洗，冲洗压力不宜大于本段灌浆压力的80%。回填灌浆须按分序加密原则进行，固结灌浆应按环间分序、环内加密的原则进行，灌浆压力、浆液浓度、升压顺序和结束灌浆标准应符合设计要求。

第二节　渠道建筑物与施工

一、水闸施工

（一）水闸施工的概述

水闸由上游连接段、闸室段和下游段三部分组成。平原地区水闸施工，一般场地比较开阔，便于施工场地布置。地基多为软土地基，开挖时施工排水较困难，基础处理比较复杂。拦河闸施工导流较困难，常需要一个枯水期完成主要工作量。

水闸施工首先要做好"四通一平"与临时设施的准备工作。施工内容主要有：施工导流工程与基坑排水，基坑开挖、基础处理及防渗排水设施的施工，闸室段的底板、闸墩、边墩、胸墙及交通桥、工作桥等施工，上下游连接段工程的铺盖、护坦、海漫、防冲槽的施工，两岸工程的上下游翼墙、齿墙、上下游护坡施工，闸门及启闭设备安装等。

一般大中型水闸的闸室多为混凝土及钢筋混凝土工程，其施工原则是：以闸室为主，两岸翼墙为辅，次要项目服从主要项目，穿插进行上下游连接段施工。

（二）混凝土分缝分块与浇筑顺序

1.混凝土分缝分块

水闸常由结构缝（包括沉陷缝和温度缝）分成许多结构块。当结构块较大时，为了施工方便，又须用施工缝分为若干小块，称为浇筑块。应根据施工条件（混凝土的生产、运输能力）及浇筑的连续性等，对浇筑块的面积、体积和高度进行控制。

（1）浇筑块的面积

当采用斜层浇筑法时，筑块的面积可以不受限制。

（2）浇筑块的体积

浇筑块的体积不应大于混凝土拌和站的实际生产能力（当混凝土浇筑工作采用昼夜三班连续作业时，不受此限制）。

（3）浇筑块的高度

浇筑块的高度一般根据立模条件确定，目前 8 m 高的闸墩可以一次立模浇筑到顶。施工中如果不采用三班制作业，还要受到混凝土在相应时间内的生产量限制。

水闸混凝土浇筑块划分时，在满足上述条件的前提下，划分浇筑块数目应尽可能少些，以减少施工缝，确保混凝土的质量和加快施工速度。

2.浇筑顺序

水闸施工中混凝土浇筑是施工的主要环节，各部分应遵循以下浇筑顺序。

（1）先深后浅

先深后浅即先浇深基础，后浇浅基础，以避免深基础的施工而扰动破坏浅基础土体，并可降低排水工作的难度。

（2）先重后轻

先重后轻即先浇荷重较大的部分，待其完成部分沉陷以后，再浇筑与其相邻的荷重较小的部分，以减少两者间的沉陷差。

（3）先高后低

先高后低即先浇影响上部施工或高度较大的工程部位。如闸底板与闸墩应尽量先安排施工，以便上部桥梁与启闭设备安装施工；而翼墙、消力池等可安排稍后施工。

（4）穿插进行

穿插进行即在闸室施工的同时，可穿插安排铺盖、海漫等上下游连接段的施工。

（三）闸底板施工

水闸底板有平底板与反拱底板两种。目前，平底板较为常用。

1.平底板施工

闸室地基处理完成后，对软基宜先铺筑8～10 cm的素混凝土垫层，以保护地基，找平基面。垫层达到一定强度后，可进行绑扎钢筋、立模、搭设脚手架、清仓等工作。

底板浇筑时，混凝土入仓方式很多。可选择自卸汽车配合卧罐（载重汽车运立罐）水平运输，起重机吊运入仓和泵送混凝土入仓，不需要在仓面搭设脚手架。在中小型工程中，采用架子车或机动翻斗车等小型运输机具直接入仓时，须搭设仓面脚手架。

在搭设脚手架之前，应先预制混凝土支柱（断面约为15 cm×15 cm，高度略大于底板厚度，表面应凿毛洗净）的间距，视横梁的跨度而定。然后在混凝土柱顶上架立短木柱、斜撑、横梁等以组成脚手架。当底板浇筑接近完成时，可将脚手架拆除，并立即对混凝土表面进行抹面。

当底板厚度不大时，由于拌和站生产能力的限制，混凝土可采用斜层浇筑法。当底板顺水流长度在12 m以内时，可采用连坯滚法浇筑，即安排两个作业组分层平层浇筑。先由两个作业组共同浇筑下游齿墙，待齿墙浇平后，第一组由下游向上游浇筑第一坯混凝土，抽出第二组去浇筑上游齿墙，当第一组浇到底板中部时，第二组的上游齿墙已基本浇平；然后将第二组转到下游浇筑第二坯，当第二坯浇到底板中部时，第一组已达到上游底板边缘，此时第一组再转回浇第三坯。如此连续进行，可缩短每坯间隔时间，因而可以避免冷缝的发生，保证工程质量，加快施工进度。

2.反拱底板施工

（1）施工程序

反拱底板对地基的不均匀沉陷反应敏感，因此必须注意施工程序，通常采用以下两种施工程序。

先浇闸墩及岸墙，后浇反拱底板。为了减少水闸各部分在自重作用下的不均匀沉陷，可将自重较大的闸墩、岸墙等先行浇筑，并在控制基底不致产生塑性开展的条件下，尽快均衡上升到顶。对于岸墙还应考虑尽量将墙后还土夯填到顶。这样，使闸墩岸墙预压沉实，然后再浇反拱底板，从而底板的受力状态得到改善。此法目前采用较多，适用于黏性土或砂性土，对于砂土、粉砂地基由于土模较难成型，适宜于较平坦的矢跨比。

反拱底板与闸墩岸墙底板同时浇筑。此法适用于地基较好的水闸，对于反拱底板的受力状态较为不利，但保证了建筑物的整体性，同时减少了施工工序，加快了进度。

（2）施工技术要点

反拱底板一般采用土模，必须先做好基坑排水工作，降低地下水位，使基土干燥，对于砂土地基排水尤为重要。挖模前必须将基土夯实，然后按设计圆弧曲线放样挖模，并严格控制曲线的准确性，土模挖出后，应先铺垫一层10 cm厚砂浆，待其具有一定强度后加盖保护，以待浇筑混凝土。

采用先浇闸墩及岸墙，后浇反拱底板，在浇筑岸、墩墙底板时，应将接缝钢筋一头埋在岸、墩墙底板之内，另一头插入土模中，以备下一阶段浇入反拱底板。岸、墩墙浇筑完毕后，应尽量推迟底板的浇筑，以便岸、墩墙基础有更多的时间沉陷。为了减小混凝土的温度收缩应力，浇筑应尽量选择在低温季节进行，并注意施工缝的处理。

采用反拱底板与闸墩岸墙底板同时浇筑时，为了减少不均匀沉降对整体浇筑的反拱底板的不利影响，可在拱脚处预留一缝，缝底设临时铁皮止水，缝顶设"假铰"，待大部分上部结构荷载施加以后，便在低温期浇二期混凝土。

在拱腔内浇筑门槛时，须在底板留槽浇筑二期混凝土，且不应使两者成为一个整体。

（四）闸墩与胸墙施工

1.闸墩施工

闸墩施工特点是高度大、厚度薄、门槽处钢筋稠密、预埋件多、工作面狭窄、模板易变形且闸墩相对位置要求严格等。所以，闸墩施工中的主要工作是立模和混凝土浇筑。

①模板安装。包括"对销螺栓、铁板螺栓、对拉撑木"支模法和钢组合模板翻模法两种方法。

第一，"对销螺栓、铁板螺栓、对拉撑木"支模法。此法虽须耗用大量木材、钢材，工序繁多，但对中小型水闸施工仍较为方便。立模时应先立墩侧的平面模板，后立墩头曲面模板。应注意两点：一是要保证闸墩的厚度，二是要保证闸墩的垂直度。单墩浇筑时，一般多采用对销螺栓固定模板，斜撑和缆风绳固定整个闸墩模板；多墩同时浇筑时，则采用对销螺栓、铁板螺栓、对拉撑木固定。

第二，钢组合模板翻模法。钢组合模板在闸墩施工中应用广泛，常采用翻模法施工。立模时一次至少立三层，当第二层模板内混凝土浇至腰箍下缘时，第一层模板内腰箍以下部分的混凝土须达到脱模强度（以98 kPa为宜），这样便可拆掉第一层模板，用于第四层支模，并绑扎钢筋。以此类推，以避免产生冷缝，保持混凝土浇筑的连续性。

②混凝土浇筑。闸墩模板立好后，即可进行清仓，用压力水冲洗模板内侧和闸墩底面，污水由底层模板上的预留孔排出，清仓完毕堵塞预留孔，经检验合格后，方可进行混凝土浇筑。闸墩混凝土一般采用溜管进料，溜管间距2~4 m，溜管底距混凝土面的高度应不大于2 m。施工中要注意控制混凝土面上升速度，以免产生跑模现象，并保证每块底板上闸墩混凝土浇筑的均衡上升，防止地基产生不均匀沉降。

由于仓内工作面窄，浇捣人员走动困难，可把仓内浇筑面划分成几个区段，每区段内固定浇捣工人，这样可以提高工效。每坯混凝土厚度可控制在30 cm左右。

2.胸墙施工

胸墙施工在闸墩浇筑后，在工作桥浇筑前进行，全部重量由底梁及下面的顶撑共同支撑。下梁下面立两排排架式立柱，以顶托底板。立好下梁底板并固定后，立圆角板再立下游面板，然后吊线控制垂直。接着安放围图及撑木，临时固定在下游立柱上，待下梁及墙身扎铁后再由下而上地立上游面模板，再立下游面模板及顶梁。模板用围图和对销螺栓与支撑脚手相连接。胸墙多属板梁式简支薄壁构件，在立模时，先立外侧模板，等钢筋安装后再立内侧模板。最后，要注意胸墙与闸门顶止水设备安装。

（五）止水与填料施工

为适应地基的不均匀沉降和伸缩变形，在水闸设计中均设置有结构缝（包括温度缝与沉陷缝）。凡位于防渗范围内的缝，都设有止水设施。止水设施分为垂直止水和水平止水两种，且所有缝内均应有填料。

1.填料施工

填充材料常用的有沥青油毛毡、沥青杉木板及沥青芦席等。其安装方法有以下两种。

①将填充材料用铁钉固定在模板内侧，铁钉不能完全钉入，至少要留有1/3，再浇混凝土，拆模后填充材料即可贴在混凝土上。

②先在缝的一侧立模浇混凝土，并在模板内侧预先钉好安装填充材料的铁钉数排，并使铁钉的1/3留在混凝土外面；然后安装填料、敲弯钉尖，使填料固定在混凝土面上。缝墩处的填缝材料，可借固定模板用的预制混凝土块和对销螺栓夹紧，使填充材料竖立平直。

2. 止水施工

（1）水平止水

水闸水平止水大多利用塑料止水带或橡皮止水带，其安装与沉陷缝填料的安装方法一样，也有两种。

（2）垂直止水

垂直止水可以用止水带或金属止水片（铝片、镀锌或镀铜铁皮、不锈钢片、紫铜片）。对重要结构，要求止水片与沥青井联合使用。

（六）门槽二期混凝土施工

1. 平板闸门门槽施工

采用平板闸门的水闸，闸墩部位都设有门槽，门槽混凝土中埋有导轨等铁件，如滑动导轨、主轮侧轮及反轮导轨、止水座等。这些铁件的埋设有以下两种方法。

（1）直接预埋、一次浇筑混凝土

这种方法是在闸墩立模时将导轨等铁件直接预埋在模板内侧，施工时一次浇筑闸墩混凝土成型，适用于小型水闸，在导轨较小时施工方便，且能保证质量。

（2）预留槽二期浇筑混凝土

中型以上水闸导轨较大、较重，在模板上固定较为困难，宜采用预留槽二期浇筑混凝土的施工方法。在浇筑第一期混凝土时，在门槽位置留出一个大于门槽宽的槽位，并在槽内预埋一些开脚螺栓或插筋，作为安装导轨的固定埋件。

导轨安装前，要对基础螺栓进行校正，安装导轨过程中应随时检测垂直度。施工中应严格控制门槽垂直度，发现偏斜应及时予以调整。埋件安装检查合格，一期混凝土达到一定强度后，须对施工缝认真处理，以确保二期混凝土与一期混凝土的结合。

安装直升闸门的导轨之前，要对基础螺栓进行校正，再将导轨初步固定在预埋螺栓或钢筋上，然后利用垂球逐点校正，使其铅直无误，最终固定并安装模板。模板安装应随混凝土浇筑逐步进行。

2.弧形闸门的导轨安装及二期混凝土浇筑

弧形闸门虽不设门槽，但闸门两侧亦设置转轮或滑块，因此也有导轨安装及二期混凝土施工。弧形闸门的导轨安装，须在预留槽两侧先设立垂直闸墩侧面并能控制导轨安装垂直度的若干对称控制点，再将校正好的导轨分段与预埋的钢筋临时点焊接数点，待按设计坐标位置逐一校正无误，并根据垂直平面控制点，用样尺检验调整导轨垂直度后，再焊接牢固。

导轨就位后即可立模浇筑二期混凝土。二期混凝土应采用较细骨料并细心捣固，不要振动已装好的金属构件。门槽较高时，不能直接从高处下料，可以分段安装和浇筑。二期混凝土拆模后应对埋件进行测算，并做好记录，同时检查混凝土表面尺寸，清除遗留的杂物，以免影响闸门启闭。

二、渠道施工

（一）渠道开挖

渠道开挖的施工方法有人工开挖、机械开挖和爆破开挖等。选择开挖方法，取决于技术条件、土壤种类、渠道纵横断面尺寸、地下水位等因素。渠道开挖的土方，多堆在渠道两侧用作渠堤，因此铲运机、推土机等机械得到广泛的利用。对于冻土及岩石渠道，以采用爆破开挖最有效。田间渠道断面尺寸很小，可采用开沟机开挖。在缺乏机械设备的情况下，则采用人工开挖。

1.人工开挖渠道

渠道开挖关键是排水问题。排水应本着上游照顾下游、下游服从上游的原则，即向下游放水的时间和流量应照顾下游的排水条件，同时下游应服从上游的需要。一般下游应先开工，且不得阻碍上游水量的排泄，以保证水流畅通。如须排除降水和地下水，还必须开挖排水沟。渠道开挖时，可根据土质、地下水位、地形条件、开挖深度等选择不同的开挖方法。

（1）龙沟一次到底法

该方法适用于土质（如黏性土）较好、地下水来量小、总挖深 2 ~ 3 m 的渠道。一次将龙沟开挖到设计高程以下 0.3 ~ 0.5 m，然后由龙沟向左右扩大。

（2）分层开挖法

如开挖深度较大，土质较差，龙沟一次开挖到底有困难，可以根据地形和施工条件分层开挖龙沟，分层挖土。

（3）边坡开挖与削坡

开挖渠道如一次开挖成坡，将影响开挖进度。因此，一般先按设计坡度要求挖成台阶状，其高宽比按设计坡度要求开挖，最后进行削坡。这样施工削坡方量小，但施工时必须严格掌握，台阶平台应水平，高必须与平台垂直，否则会产生较大误差，增加削坡方量。

2.机械开挖渠道

（1）推土机开挖渠道

采用推土机开挖渠道，其深度一般不宜超过 2.0 m，填筑渠堤高度不宜超过 3.0 m，其边坡不宜陡于 1：2。在渠道施工中，推土机还可以平整渠底，清除植土层，修整边坡，压实渠堤等。

（2）铲运机开挖渠道

半挖半填渠道或全挖方渠道就近弃土时，采用铲运机开挖最为有利。需要在纵向调配土方的渠道，如运距不远，也可用铲运机开挖。

铲运机开挖渠道的开行方式有环形开行和8字形开行两种。

①环形开行。当渠道开挖宽度大于铲土长度，而填土或弃土宽度又大于卸土长度时，可采用横向环形开行；反之，则采用纵向环形开行。铲土和填土位置可逐渐错动，以完成所需要的断面。

②8字形开行。当工作前线较长，而填挖高差较大时，则应采用8字形开行方式。其进口坡道与挖方轴线间的夹角以 40° ~ 60° 为宜，夹角过大则转弯不便，夹角过小则加大运距。采用铲运机工作时，应本着挖近填远、挖远填近的原则施工，即铲土时先从填土区最近的一端开始，先近后远；填土则从铲土区最远的一端开始，先远后近，依次进行。这样不仅创造了下坡铲土的有利条件，还可以在填土区内保持一定长度的自然地面，以便铲运机能高速行驶。

（3）反向铲挖掘机开挖渠道

当渠道开挖较深时，采用反向铲挖掘机开挖较为理想。该方案有方便快捷、生产率高的特点，在生产实践中应用相当广泛。

3.爆破开挖渠道

开挖岩基渠道和盘山渠道时，宜采用爆破开挖法。开挖程序是先挖平台再挖槽。开挖平台时，一般采用抛掷爆破，尽量将待开挖土体抛向预定地方，形成理想的平台。挖槽爆破时，先采用预裂爆破或预留保护层，再采用浅孔小爆破或人工清边清底。

筑堤用的土料，以黏土略含砂质为宜。如果用几种透水性不同的土料，应将透水性小的填在迎水坡，透水性大的填在背水坡。土料中不得掺有杂质，并应保持一定的含水量，以利于压实。填方渠道的取土坑与堤脚应保持一定距离，挖土深度不宜超过2 m，且中间应留有土埂。取土宜先远后近，并留有斜坡道以便运土。半填半挖渠道应尽量利用挖方筑堤，只有在土料不足或土质不适用时，才在取土坑取土。

铺土前应先行清基，并将基面略加平整然后进行刨毛，铺土厚度为20 ～ 30 cm，并应铺平铺匀。每层铺土宽度应略大于设计宽度，以免削坡后断面不足。堤顶应做成坡度为2% ～ 5%的坡面，以利于排水。填筑高度应考虑沉陷，一般可预加5%的沉陷量。对于机械不能填筑到的部位和小型渠道土堤填筑夯实，宜采用人力夯或蛙式打夯机。对砂卵石填堤，在水源充沛时可用水力夯实，否则可选用轮胎碾或振动碾。

（二）渠道衬护

渠道衬护的类型有灰土、砌石、混凝土、沥青材料及塑料薄膜等。在选择衬护类型时，应考虑以下原则：防渗效果好，因地制宜，就地取材，施工简易，能提高渠道输水能力和抗冲能力，减小渠道断面尺寸，造价低廉，有一定的耐久性，便于管理养护，维修费用低等。

1.砌石衬护

在砂砾石地区，坡度大、渗漏性强的渠道，采用浆砌卵石衬护，有利于就地取材，是种经济的抗冲防渗措施；同时还具有较高的抗磨能力和抗冻性，可减少渗漏量80% ～ 90%。施工时应先按设计要求铺设垫层，然后再砌卵石。砌卵石的基本要求是使卵石的长边垂直于边坡，并砌紧、砌平、错缝，坐落在垫层上。为了防止砌面被局部冲毁而扩大，每隔10 ～ 20 m距离用较大的卵石砌一道隔墙。渠坡隔墙可砌成平直形，渠底隔墙可砌成拱形，其拱顶迎向水流方向，以加强抗冲能力。隔墙深度可根据渠道可能冲刷深度确定。渠底卵石的砌缝最好垂直于水流方向，这样抗冲效果较好。不论是渠底还是渠坡，砌石缝面必须用水泥砂浆压缝，以保证施工质量。

2.混凝土衬护

混凝土衬护由于防渗效果好，能减少90%以上渗漏量，耐久性强、糙率小、强度高、便于管理、适应性强，因而成为一种广泛采用的衬护方法。渠道混凝土衬砌，目前多采用板型结构，但小型渠道也采用槽型结构。素混凝土板常用于水文地质条件较好的渠段，钢筋混凝土和预应力钢筋混凝土板则用于地质条件较差和防渗要求较高的重要渠段。混凝土板按其截面形状的不同，又有矩形板、楔形板、肋梁板等不同形式。矩形板适用于无冻胀地区的各种渠道。楔形、肋梁板多用于冻胀地区的各种渠道。

大型渠道的混凝土衬砌多为就地浇筑，渠道在开挖和压实处理以后，先设置排水，铺设垫层，然后再浇筑混凝土。渠底采用跳仓法浇筑，但也有依次连续浇筑的。渠坡分块浇筑时，先立两侧模板，然后随混凝土的升高，边浇筑边安设表面模板。如渠坡较缓用表面振动器捣实混凝土，则不安设表面模板。在浇筑中间块时，应按伸缩缝宽度设立两边的缝子板。缝子板在混凝土凝固以后拆除，以便灌浇沥青油膏等填缝材料。

装配式混凝土衬砌，是在预制场制作混凝土板，运至现场安装和灌注填缝材料。预制板的尺寸应与起吊运输设备的能力相适应，装配式衬砌预制板的施工受气候条件影响较小，在已运用的渠道上施工，可减少施工与放水间的矛盾。但装配式衬砌的接缝较多，防渗、抗冻性能差，一般在中小型渠道中采用。

3.沥青材料衬护

沥青材料具有良好的不透水性，一般可减少渗漏量90%以上，并具有抗碱类腐蚀能力，其抗冲能力则随覆盖层材料而定。沥青材料渠道衬护有沥青薄膜与沥青混凝土两类。

沥青薄膜类防渗按施工方法可分为现场浇筑和装配式两种。现场浇筑又可分为喷洒沥青和沥青砂浆两种。现场喷洒沥青薄膜施工，首先要将渠床整平、压实，并洒水少许；然后将温度为200℃的软化沥青用喷洒机具，在354 kPa压力下均匀地喷洒在渠床上，形成厚6～7 mm的防渗薄膜。各层间须结合良好。喷洒沥青薄膜后，应及时进行质量检查和修补工作。最后在薄膜表面铺设保护层。一般素土保护层的厚度，小型渠道多用10～30 cm，大型渠道多用30～50 cm。渠道内坡以不陡于1:1.75为宜，以免保护层产生滑动。沥青砂浆防渗多用于渠底。施工时先将沥青和砂分别加热，然后进行拌和，拌好后保持在160℃～180℃，即可进行现场摊铺，然后用大方铣反复烫压，直至出油，再做保护层。

沥青混凝土衬护分现场铺筑与预制安装两种施工方法。现场铺筑与沥青混凝土面板施工相似。预制安装多采用矩形预制板。施工时为保证运用过程中不被折断，可设垫层，并将表面进行平整。安装时应将接缝错开，顺水流方向，不应留有通缝，并将接缝处理好。

4.钢丝网水泥衬护

该方法是一种无模化施工。其结构为柔性，适应变形能力强，在渠道衬护中有较好的应用前景。钢丝网水泥衬护的做法是，在平整的基底（渠底或渠坡）上铺小间距的钢丝，然后再抹水泥砂浆或喷浆。其操作简单易行。

5.塑料薄膜衬护

采用塑料薄膜进行渠道防渗，具有效果好、适应性强、重量轻、运输方便、施工速度快和造价较低等优点。用于渠道防渗的塑料薄膜厚度以0.15～0.30 mm为宜。塑料薄膜的铺设方式有表面式和埋藏式两种。表面式是将塑料薄膜铺于渠床表面，薄膜容易老化和遭受破坏。埋藏式是在铺好的塑料薄膜上铺筑土料或砌石作为保护层。由于塑料表面光滑，为保证渠道断面的稳定，避免发生渠坡保护层滑塌，渠床边坡宜采用锯齿形。保护层厚度一般不小于30 cm。

塑料薄膜衬护渠道施工大致可分为渠床开挖和修整、塑料薄膜的加工和铺设、保护层的填筑三个施工过程。薄膜铺设前，应在渠床表面加水湿润，以保证薄膜能紧密地贴在基土上。铺设时，将成卷的薄膜横放在渠床内，一端与已铺好的薄膜进行焊接或搭接，并在接缝处填土压实，此后即可将薄膜展开铺设，然后再填筑保护层。铺填保护层时，渠底部分应从一端向另一端进行，渠坡部分则应自下向上逐渐推进，以排除薄膜下的空气。保护层分段填筑完毕后，再将塑料薄膜的边缘固定在顺渠顶开挖的锲壕里，并用土回填压紧。

塑料薄膜的接缝可采用焊接或搭接两种方式。搭接时为减少接缝漏水，上游一块塑料薄膜应搭在下游一块之上，搭接长度为50 cm，也可用连接槽搭接。

第三节　泵站工程施工

一、桥式起重机及水泵组的安装

（一）安装前的检验

1.设备检验

（1）外观检验

设备开箱检查前，必须查明所到设备的名称、型号和规格，检查设备的箱号和箱数及包装情况有无损坏等。

设备开箱验收时，先将设备顶板上的尘土打扫干净，防止尘土落入设备内。开箱时一般自顶板开始，查明情况后，再采用适当办法拆除其他箱板，要选择合适的开箱工具，不要用力过猛，以免损坏箱内设备。

设备的清点应根据制造厂提供的设备装箱清单进行。清点时，首先应核实设备的名称、型号和规格，清点设备的零件、部件、附件、备件、专用工具及技术文件是否与装箱单相符。

检查设备的外观质量，如有缺陷、损坏和锈蚀等情况，填写检查记录单，并经厂家确认。分析原因，查明责任，报主管部门进行研究处理。内部尺寸和性能检验水泵在安装过程中必须按说明书和原装图中的规定进行尺寸检验。

（2）内部尺寸和性能检验

检验内容如下：

①水泵在安装过程中必须按说明书和原装图中的规定进行尺寸检验。

②高压电动机安装前的检验。

③风机、排水泵安装前应检验盘动转子是否灵活，有无卡阻碰装，润滑油是否完好。

④蝶阀、伸缩节应检验：闸板、套管的密封性，转轴回转配合情况；液控系统油箱、油管、配电箱等设备情况。

⑤桥式起重机应检验：根据供货清单清点各类设备、材料，对于缺损件要及

时反馈，以免影响设备的安装，调试及试运行。（3）管、配电箱等设备情况

桥式起重机检验：根据供货清单清点各类设备、材料，对于缺损件要及时反馈，以免影响设备的安装、调试及试运行。

2.设备基础检验

工程主机泵、桥式起重机均为钢筋混凝土基础，由于设备安装要求保持相对位置不变，以及设备重量和运行振动力的存在，要求基础必须有足够的强度和刚度。因此，设备安装前必须对设备基础进行检验。

（1）主机泵基础检验

按照主机泵、电动机的实际组合尺寸和设计图纸给定的标高，检验基础高程，偏差±10 mm；基础纵向中心线应垂直于横向中心线，与泵站纵横中心线要平行，偏差＜±5 mm；基础预留螺栓孔方位尺寸要符合设计尺寸的要求，内孔无积水杂物，孔位垂直。

（2）起重机基础检验

桥式起重机梁应平直，外观平滑整齐；螺孔位置准确，无堵塞。

3.安装施工准备

编制详细的施工组织措施报监理审核批准后并按施工措施准备工器具、材料，对施工人员进行安全教育，技术方案交底。

备好方木、千斤顶、导链、卷扬机等工具，型号要与桥式起重机相对应。

4.桥机轨道安装

钢在安装前要校正，其侧面水平度不大于1/500，全长偏差不大于2 mm。钢轨两端面应平直，斜度不大于1 mm。

钢轨安装前，压板、夹板、螺栓、垫片、垫板、车挡均应加工完毕，并做好高空作业安全防护的教育工作。

据施工图纸，用测量仪器精确布线，严格控制安装尺寸使之满足下列要求：单轨中心线与设计中心线偏差不大于3 mm，两轨中心差不大于5 mm，同断面两轨高度差不大于8 mm。轨道接头，错位不大于1 mm，接缝1～3 mm，并保证伸缩量，纵向水平度不大于1/1500，全长偏差不大于10 mm；两侧轨道接头位置应错开，其错开距离应大于前后车轮的轮距，轨道接头处左、右、上三个面的偏移均不大于1 mm。

5.桥机吊装

首先将桥机的大车行走机构利用汽车吊装到上、下游侧轨面上，利用楔子板将台车调整水平。

将桥机大梁运到厂房安装场，利用汽车吊慢慢将主梁提升到超过行走台车上面高程，再将主梁扭转回来并调平，对准大梁与台车连接螺栓孔。然后再慢慢地落到桥机行走台车上面，将螺栓拧紧。

利用汽车吊安装其他部件（包括操作室等）。

6.桥机电气设备安装

按制造商和工程设计单位的图纸及技术文件组装桥机和调整试验。施工工艺及质量要求符合规定的标准和规范。

悬吊式软电缆安装的要求：

当采用型钢做软电缆滑道时，型钢应安装平直，滑道平正光滑，机械强度符合要求。

悬挂装置的电缆夹，与软电缆可靠固定，电缆夹间的距离不大于 5 m。

软电缆安装后，其悬挂装置沿滑道移动灵活、无跳动、无卡阻。

软电缆移动段的长度，比起重机移动距离长 15% ~ 20%，并加装牵引绳，牵引绳长度短于软电缆移动段的长度。

软电缆移动部分两端分别与起重机、钢索或型钢滑道牢固固定。

7.制动装置的安装

制动装置的动作应迅速、准确、可靠。

处于非制动状态时，闸带、闸瓦与闸轮的间隙应均匀，且无摩擦。

当起重机的某一机构是由两组在机械上互不联系的电动机驱动时，其制动器的动作时间应一致。

8.行程限位开关、撞杆的安装

起重机行程限位开关动作后，能自动切断相关电源，并使起重机各机构在下列位置停止：吊钩、抓斗升到离极限位置不小于 100 mm 处。

起重臂升降的极限角度符合产品规定。

撞杆的装设及其尺寸的确定，应保证行程限位开关可靠动作，撞杆及撞杆支架在起重机工作时不晃动。撞杆宽度能满足机械横向窜动范围的要求，撞杆的长度能满足机械最大制动距离的要求。

撞杆在调整定位后，固定可靠。

9.控制器的安装

控制器的安装位置，应便于操作和维修；操作手柄或手轮的安装高度，应便于操作与监视。操作方向宜与机构运行的方向一致，并符合现行国家标准《人机界面标志标识的基本和安全规则 操作规则》（GB/T 4205-2010）的规定。

10.起重量限制器的调试

起重量限制器综合误差不大于8%。

当载荷达到额定起重量的90%时，能发出提示性报警信号。

当载荷达到额定起重量的110%时，能自动切断起升机构电动机的电源，并发出禁止性报警信号。

（二）主机泵组安装

根据主机泵组的类型，按先固定件后转动部件的规律进行安装、调试。安装过程中必须严格控制固定部分的高程、水平度、垂直度，转动部分的轴线同心、径向摆渡及各部间隙，安装时使用泵站内桥式起重机。下面以卧式水泵类型介绍其安装过程。

1.机泵及其附属设备基础预埋

机泵及其附属设备基础、通风设备和通风管、起重机轨道、单轨小车轨道、启闭机基础等的螺杆、插筋、锚杆、型钢和钢板等预埋件的埋设应严格遵守施工详图和技术规范的要求。

预埋件安装固定：机组模板安装完毕后，在混凝土浇筑前，将埋件就位，焊接固定在机座钢筋上，严格控制埋件的位置、高程，将高程误差控制在±5 mm范围内。

机座一期混凝土浇筑时，应控制浇筑速度，以免在浇筑过程中使预埋件变形，混凝土浇筑高度距预埋件顶部300 mm处为宜。

机组钢架制作与安装：钢架的制作在施工平台上进行，按设计图纸和有关规范要求进行下料、加工、组焊。钢架安装在机座预埋件上，以焊接方式进行连接，先点焊，再调整找正，钢架水平度不超过±1，高程偏差不大于±5 mm。钢架安装完成后，进行二期混凝土浇筑。

2.水泵安装

机组基础检验合格后，对基础表面凿毛、清扫，对地脚螺栓预留孔做拉铺处理，并用测量仪器放出机组纵、横中心线。

用桥式起重机吊起水泵，并穿入地脚螺栓，同时选好位置安放临时垫铁，用四点吊线法将水泵逐个吊装就位。

浇灌地脚螺孔内二期混凝土：水泵检查和初平工作完成后，立即浇筑螺孔内二期细碎石混凝土。混凝土强度等级比原基础高一号，一般不低于C25。浇二期混凝土时要振捣密实，防止螺栓歪斜；如设备外表飞溅混凝土浆，事后立即清理。

安放永久垫铁：在平垫下铺设不小于30 mm的细碎石混凝土，使斜铁上面与泵脚下加工面保持无缝接触，并做好铁件下落检查，各垫铁间接触应良好。

3.电动机安装

电动机联轴器安装与检验：安装联轴器时先清洗轴颈、联轴器孔和键槽，并用砂布去除轴的毛刺、杂质。联轴器采用外加温热装法，温升控制在100℃～150℃即可。

电动机的初平：用桥式起重机吊起电机穿地脚螺栓就位。支好临时性垫铁，电动机从底座和轴径处控制纵横水平（可与水泵初平同时进行），以水泵为准。用靠尺和百分表测量，初步调整到轴向同心差不大于0.2 mm，径向同心差不大于0.1 mm，水泵和电机联轴器采用弹性联结，两者之间间距为联轴器外径的2%。

安放永久垫铁、浇筑地脚螺孔二期混凝土。

二、钢管的安装

（一）钢管安装前的验收

土建、水利工程的验收：与钢管安装有关的基础已施工完毕，基础的高程、方位必须符合设计要求，钢管支墩应有足够的强度和稳定性。

钢管的验收：钢管的验收按照有关规程、规范、标准，检查钢管的材质、外径、内径、椭圆度、长度、角度、防腐等项均符合设计要求。

（二）钢管的吊装、运输要点

钢管运输前应对各种工器具进行检查，包括车辆、卡扣、钢丝绳、起重机等。

起吊前应对参加施工人员进行安全交底，指定专职指挥人员，统一指挥信号。

严禁吊运的钢管从人的上方通过或停留，应使钢管吊运通道沿途通畅。

吊运中的钢管上严禁站人。

钢管在运输过程中要用导链牢固封车，以防运输中钢管产生不安全因素。

钢管吊离运输车时要缓缓升起，防止对运输车产生严重撞击。

钢管被放置在台车上时要找好平衡度，以防钢管倾斜。

钢管在运往安装位置前要检查拉台车的钢丝绳和滑轮，检查无误后再把钢管运到安装位置。

钢管运往安装位置过程中，禁止两侧有人员随行。

（三）钢管安装

1.厂内钢管安装

（1）安装顺序

厂内钢管安装随设备延续进行，即进出水钢管在机泵设备就位前先穿入封闭圈穿墙套管内，然后从水泵前后分别延续安装渐变管、伸缩节、蝶阀等。安装时要保证同水泵、蝶阀三者一体的公差要求，安装时用桥机、手拉葫芦及三脚架配合。

（2）管节装配

管节运输就位后，首先调整钢管的里程、高程及中心，合格后将管节固定牢固。然后进行压缝（根据情况使用千斤顶）。压缝后进行点焊，点焊通常从下中心开始，自下而上顺序一直到上中心处会合。环缝焊接除图纸规定外，应按安装顺序逐条进行，不得跳跃，不得在混凝土浇筑后再焊接内缝。钢管、支管、弯管、岔管、伸缩节等应按图纸要求进行安装，确保其高程与中心设计相符，与设计轴线的不平行度不应大于2/1000。

装配完成后，钢管与支墩和锚栓焊接牢固，进行整体加固，防止混凝土回填过程中钢管上浮移位。钢管安装完成一段长度后，应进行误差校正，校正管道中心线、高程是否超出允许误差范围。钢管安装公差应符合下列要求：始装节管口中心允许偏差5 mm，与伸缩节、蝶阀、岔管连接的管节及弯管中心允许偏差6 mm，其他部位管节管口中心允许偏差15 mm。始装节里程偏差不应超过±5 mm，弯管起点里程偏差不应超过±10 mm。管口椭圆度不应大于5D/1000（D为钢管直径），最大不应大于40 mm。

（3）镇墩钢管安装

镇墩钢管安装可随混凝土管进行。钢管上的孔在现场割制安装，孔最后安装。

（4）出水塔钢管安装

水塔钢管的安装分下段弯管、直管、伸缩节和管缝处理，钢管安装分段进行。

①基础预埋部分。这部分钢管在土建基础开始时进行，在基础测量放线后，对预埋件进行复测，清理修整。安装时中心线标高、垂直度、弯管水平度、角度要符合设计要求；同时要用槽钢对预埋钢管进行支撑、固定，以保证在浇筑混凝土时，钢管不发生位移和变形，埋管露出混凝土不小于300 mm，立口最好留出1 m左右。坡口在安装前处理好。

②水塔弯管安装时，如弯管全在混凝土内，则混凝土基座要打到管底，待弯管调后再进行二次浇筑：如半埋弯管，仍须混凝土打到管底后再安弯管。

③立管组安。立管及伸缩节事先在地面进行组焊，待水塔基础强度达到要求后进行下一步。

④体吊—安装。施工过程中要严格遵守安全规程及施工规范要求，并用垂球、经纬仪进行测量。

⑤立管就位后要用槽钢进行拉焊固定，然后可进行水工部分的施工，同时进行环缝的焊接工作。

⑥焊接工作。支拉件在水塔混凝土完成后进行组焊。

（四）涂装

钢管安装完成后，环缝内、外壁用钢丝轮除锈，按照工艺要求在钢管内壁刷防锈漆两道；钢管外壁涂装材料采用3301 A不饱和聚酯树脂及玻璃纤维丝布。

涂装工艺应严格按照有关规程及合同文件技术条款中的全部条款执行。

穿墙套管管缝处理采用沥青油麻、水泥石人工掺拌、填封。封堵后必须保证其具有良好的止水性能和封闭黏结力，并能保证钢管的微量伸缩性能。

三、辅助设备安装与调试

泵站辅助设备主要有蝶阀、伸缩节、风机、消防、供排水系统及闸门、启闭机、闸门拦污栅等。

（一）蝶阀、伸缩节的安装

蝶阀、伸缩节安装前应进行全面检查、清理、擦洗，电动机液压系统、操作控制部分应完好，闸板密封传动轴要符合要求。安装时从泵口开始延续安装。安装时要注意以下事项：

法兰面要保持垂直，偏差不大于1.5 mm，中心同设计中心重合，偏差不大于15 mm。

胶垫安放要平整均匀，同法兰偏差不大于2 mm，标高不大于5 mm。

伸缩节内外套管要调整均匀，伸缩量符合设计要求，偏差不大于±6 mm。

各润滑部位要注油。注油时不得混入金属微粒、棉絮、灰渣。

蝶阀安装后，要进行手动试验，若无异常，方可进行电动试验。同时进行开、关机时间调整，快关、慢关时间及角度调整，油系统泄漏补油压力调整等，以及检查行程开关、信号灯是否可靠。

（二）通风系统安装

泵站通风系统包括主厂房和副厂房通风系统。

1.风管支、吊架的施工

风管支架基础埋件按施工图纸位置，可在土建单位绑钢筋时进行，预埋在混凝土中，如施工图未到位，可采用射钉、膨胀螺栓法进行安装。

风管与部件支、吊架的预埋件、射钉或膨胀螺栓应位置正确、牢固可靠，埋入部分应去除油污，并不得涂漆。

吊架的吊杆应平直，螺纹应完整、光洁。吊杆拼接可采用螺纹连接或焊接。

按风管的中心线找出吊杆安装位置。单吊杆在风管的中心线上，双吊杆可以按托板的螺栓孔距或风管的中心线对称安装。立管管卡安装时，应先把最上面的一个管件固定好，再用线坠在中心处，吊线下面的管卡即可按线进行固定。当风管较长时，需要安装一排支、吊架，可先把两端的安装好，然后以两端的支、吊架为基准，用拉线找出中间支、吊架的标高进行安装。

2.支、吊、托架安装的注意事项

支、吊、托架的标高必须正确。

支、吊架的预埋件或膨胀螺栓埋入部分不得涂刷油漆，并应除去油污。

支、吊架不得安装在风口、阀门、检查孔等处，以免妨碍检查维修操作。吊架不得直接吊在法兰上。

圆形风管与支架托板接触的位置须垫弧形木块，否则会使风管变形。

3.风管的吊装

首先根据现场具体情况，在梁、柱及楼板上选择两个以上可靠的吊点，然后挂好导链用绳索将风管捆绑结实。风管须整体吊装时，绳索不得直接捆在风管上，应用长木板托住风管底部，四周应有软性材料做垫层。

起吊时，当风管离地面200～300 mm时，停止起吊，仔细检查导链受力点或捆绑风管的绳索、绳扣是否牢靠，风管的重心是否正确。若没问题，再继续起吊。

风管放在支吊架上后，将所有托板和吊杆连接好。确定风管稳固好后，才可以解开绳扣，进行下一段风管的安装。

根据施工现场情况，可以在地面把风管连成一定的长度，然后采用吊装的方法就位。也可以把风管一节一节地安装在支架上逐节连接。安装顺序是先主管后支管、由下至上进行。

4.风管的法兰连接

按设计要求选择法兰垫，法兰垫料不能挤入或凸出风管内，否则会增大流动阻力，增加管内积尘。

法兰垫料应尽量减少接头，接头采用梯形或锥形连接，并涂胶粘牢。法兰连接后严禁往法兰缝隙内填塞垫料。

法兰连接时先把两个法兰对正，把所有螺栓都穿入螺孔后，再把螺栓对称均匀地拧紧。连接好的风管，以两端法兰为基准，拉线检查风管连接是否平直。

连接法兰的螺母在同一侧。

5.通风机的安装

安装通风机前，必须先对通风机进行外观检查，符合规定方可进行安装。

通风机底座不用隔震装置而直接安装在基础上，用垫铁找平。

通风机的基础，各部位尺寸应符合设计要求。预留孔灌浆前清除杂物，灌浆用细石混凝土，其强度等级比基础混凝土高一级，并捣固密实，地脚螺栓不得歪斜。固定通风机的地脚螺栓，除带有垫圈外，并有防松装置。

通风机的进风管、出风管等装置应设有单独的支撑，并与基础或其他建筑物连接牢固；风管与风机连接时，不得强迫对口，机壳不承受其他机件的重量。

轴流通风机安装时，机身应保持水平、牢固可靠。轴流通风机机身纵横向水平度允许偏差不大于0.20 mm/m。

（三）消防、供排水系统安装

1.管路安装

管路及系统组件安装前应校直管子，并应清除管子内部的杂物；安装时应随时清除已安装管道内部的杂物。在具有腐蚀性的场所安装管路前，应按设计要求对管子、管件等进行防腐处理。

管路系统安装后，按要求对各部件进行复查无误，进行系统充水升压试验及各阀组动作试验。试验方法及程序经监理工程师批准后，在有关部门主持下方可进行。整个系统建成后，按要求完成水压综合试验。

焊接钢管管道下料采用机械切割方式。切割后的管口采用气动坡口机及砂轮机进行V形坡口的切削。

明管安装位置偏差、水平弯曲和水平偏差均满足规范要求。

法兰连接的管道应采取内外焊。内焊缝不得高于法兰工作面，且密封垫材质与工作介质、压力要求相符；丝扣连接的管路采取止、泄措施，并保证系统试压无渗漏。

凡穿墙、楼板的管道，留洞尺寸应比其管外径大30 mm左右，其位置必须准确。管道安装后，采用水泥砂浆封闭孔洞。竖管的安装铅垂度，每米允许偏差不得超过2 mm。竖管的固定支架设置在距地面1.5 ~ 1.8 mm高处。

2.消防器材的安装

安装室内消火栓，栓口应朝外，阀门中心距地面1.2 m，允许偏差20 mm。

阀门距箱侧面140 mm，距箱后内表面100 mm，允许偏差5 mm。

室内消火栓箱在240 mm厚的砖墙上的安装方式为半暗装。箱体背后墙的厚度保留120 mm消火栓栓口应朝外，栓口中心距地面为1.1 m。

安装消火栓水龙带。水龙带与水枪和快速接头绑扎好后，根据箱内构造将水龙头挂在箱内的挂钉或水龙头带盘上。

对于暗装或半暗装的消火栓箱，其预留孔洞的尺寸按图纸要求。或在左右两边及上边比消火栓箱外形尺寸每边加大10 mm，下边或侧面留出的接管位置的尺寸应便于消火栓接管。

所有手提式灭火器均应放置在专用灭火器箱内或与消火栓箱合用的灭火器箱内。其设置高度：顶部离地面不大于1.5 m，底部离地面不小于0.15 m。

3.排水泵安装

①设备安装前，应根据有关规定，对设备进行分解、清扫及检查。所有阀门、仪表、附件均进行检查、清扫，并按规定要求进行耐压试验和校验。

②工作泵、备用泵、吸水泵、出水管及出水管上的泄压阀、信号阀等的规格、型号、数量应符合设计要求；当出水管上安装闸阀时锁定在常开位置；消防水泵应采用自灌式引水或其他可靠的引水措施；消防水泵出水管上应安装试验用的放水阀及排水管；备用电源、自动切换装置的设置应符合设计要求。

③水泵接合器数量及进水管位置应符合设计要求。水泵接合器应进行充水试验，且系统最不利点的压力、流量应符合设计要求。

④泵安装完毕要进行试运转，确保无异常现象。

（四）闸门、启闭机、拦污栅安装

1.埋件安装

（1）埋件安装程序

一期插筋的安装随土建施工进度进行。土建浇筑混凝土前，一期插筋必须按图纸要求高程安装完，经严格自检合格后，报请监理人批准方可通知土建浇筑混凝土。

用汽车吊将埋件运至孔口平台，并把埋件按图纸位置和安装顺序号，吊入二期混凝土槽内，悬挂好。按图纸尺寸和规范要求，将埋件调整到安装位置，加固。经严格自检检查合格后，报请监理人批准进行浇筑二期混凝土。

（2）埋件安装技术要求

埋件的测量点要精确可靠地放在线架上或其他部位。

埋件就位调整完毕，应与一期混凝土中的锚筋（板）焊牢。严禁将加固材料直接焊在主轨、反轨、侧轨、门楣（胸墙）等的工作面上或水封座板上。

埋件所有不锈钢材料的焊接接头，必须使用相应的不锈钢焊条进行焊接。

埋件安装完毕后，应对所有的工作表面进行清理，门槽范围内影响闸门安全运行的外露物必须清除干净。应特别注意清除不锈钢水封座板表面的水泥浆，并对埋件的最终安装精度进行复测，如不锈钢水封座板有划痕，非常浅的划痕用角向磨光打磨平，如果非常深就要用不锈钢焊条补焊并打磨平，满足图纸的技术要求，做好记录报给监理人。

安装好的门槽，除了主轨道轨面、水封座板的不锈钢表面外，其余外露表面均应按有关规定进行防腐处理。

埋件安装结束后，经检查合格，应在5～7d内浇筑二期混凝土。如过期或有碰撞，应予复测，复测合格，方可浇筑混凝土。

2.闸门安装

（1）闸门安装程序

闸门运到工地后，安装前进行门体各部位尺寸检查。如需要校正变形，使用火焰加热烘烤法，绝对不能使用切割法。

检查闸门几何尺寸、偏差，满足图纸、规范要求后，焊接闸门节间焊缝。焊接顺序为先焊两侧边梁腹板，再焊中间隔板、面板，后焊接边梁中间翼板。

所有焊缝顺序都是从中间往两边焊接，面板焊缝跳跃焊接。主缝焊接后要进行气刨清理打磨，再进行焊接。焊接时，应分几次检查闸门几何尺寸、偏差，防止焊接产生过大变形。焊接结束后，经过充分冷却，对各项尺寸进行复查，复查结果要符合图纸、规范有关规定要求。

（2）闸门安装技术要求

所有主支承面必须调整到同一平面上，其误差不得超过施工图纸和规范的规定范围。

止水橡皮接头采用生胶热压法胶合，胶合接头处不得有错位、凹凸不平和疏松现象。

闸门水封和压板一起配钻螺栓孔，螺栓孔采用专用钻头，使用旋转法加工，其孔径比螺栓直径小1 mm。

止水橡皮安装后，两侧止水中心距离和顶止水中心至底止水底缘距离的允许偏差±3.0 mm，表面平面度为2.0 mm。闸门处于工作状态时，止水橡皮的压缩量应符合图样规定，其允许偏差为1 mm。

平面闸门安装完毕，应做静平衡试验。试验方法为：将闸门自由地吊离地面100 mm，通过滚轮或滑道中心测量上下游方向与左右方向的倾斜，倾斜不应超过门高的1/1000。当超过上述规定时，应予配重调整。

（3）平面闸门的试验

闸门安装完毕后，施工单位要会同监理人对平面闸门进行试验和检查。试验前应检查并确认充水装置在其行程内升降自如、密封良好。

（4）平面闸门试验项目的内容

有水情况下全行程启闭试验。试验过程中，滑道或滚轮的运行无卡阻现象。在闸门全关位置，水封橡胶无损伤，漏光检查合格，止水严密。在本项试验的全过程中，必须对水封橡胶与不锈钢水封座板的接触面采用清水冲淋润滑，以防损坏水封橡胶。

静水情况下的全行程启闭试验。本项试验应在无水试验合格后进行。试验、检查内容与无水试验相同（水封装置漏光检查除外）。

动水启闭试验。按施工图纸要求进行动水条件下的启闭试验，试验水头尽可能与设计水头相一致。动水试验前，施工单位根据施工图纸及现场条件，编制试验大纲报送监理人批准后实施。

通用性试验。必须分别在门槽中进行无水情况下的全行程启闭试验，并经检查合格。

3.拦污栅安装

将拦污栅运到孔口平台，按图纸位置和顺序摆放好。

两节拦污栅的连接，除栅架边柱对齐外，栅条也应对齐，其最大的错位包括栅条的左右和前后位置应小于栅条厚度的0.5倍。

拦污栅栅体吊入栅槽后，做升降试验，检查栅体在槽中的运行情况，做到无卡阻和各节连接可靠。

4.启闭机安装

（1）卷扬式启闭机安装

利用汽车吊将动滑轮放在闸门上面，进行吊装卷扬机（可以拆掉卷筒或减速箱，分解进行吊装就位），连接传动轴。利用机架下面的楔子板调整机架水平，水平满足设计及规范要求后，进行加固楔子板焊接。

卷扬式启闭机安装完毕，应全面检查，包括机械、电气部位。减速箱和液压部分注润滑油，其他部位注黄甘油等。

检查合格后，接通临时电源进行空转试验，空转试验没有异常现象，进行钢丝绳的卷绕，按图纸要求进行。

卷扬式启闭机安装完毕后，施工单位会同监理人进行以下项目的试验：

第一项，空载试验。起升机构和运行机构按《水电工程启闭机制造安装及验收规范》（NB/T 35051-2015）的规定检查机械和电气设备的运行情况，应做到动作正确可靠、运行平稳、无冲击和其他异常现象。

第二项，静荷载试验。按施工图纸要求进行静荷载试验，以检验启闭机的机械和金属结构的承载能力。试验荷载依次采用额定荷载的70%、100%和125%。

第三项，动荷载试验。按施工图纸要求，对各机构进行动荷载试验，以检验各机构的工作性能及门架的动态刚度。试验荷载依次采用额定荷载的100%和110%。试验时各机构应分别进行，当有联合动作试运转要求时，应按施工图纸和监理人的指示进行。试验时，做重复的启动、运转、停车、正转、反转等动作，延续时间至少1 h。各机构应动作灵活，工作平稳可靠。各限位开关、制动器、安全保护连锁装置、防爬装置等的动作应正确可靠。各零部件应无损坏现象，各连接处不得松动。

（2）螺杆启闭机安装

螺杆启闭机安装应根据起吊中心线找正，其纵、横向中心线偏差不应超过±3 mm，高程偏差不应超过±5 mm，水平偏差不应大于5 mm。

螺杆与闸门连接前，其不垂直度不应大于0.2/1000。螺杆下端与滑块装置连接时，其倾斜方向与滑块槽倾斜方向一致。滑块槽对起重螺母中心偏差不应大于1 mm，不垂直度不应大于0.2/1000。滑块在滑槽内上、下移动时应无卡阻现象，两侧间隙应在0.2 ~ 0.4 mm内。

螺杆启闭机安装好后，应做好润滑、防护等工作。

第六章 水利水电工程施工管理

第一节 施工准备工作

一、施工资料的收集工作

工程施工设计的单位多、内容广、情况多变、问题复杂。编制施工组织设计的人员对建设地区的技术经济条件、厂址特征和社会情况等，往往不太熟悉，特别是建筑工程的施工在很大程度上要受当地技术经济条件的影响和约束。

因此，编制出一个符合实际情况、切实可行、质量较高的施工组织设计，就必须做好调查研究，了解实际情况，熟悉当地条件，收集原始资料和参考资料，掌握充分的信息，特别是定额信息及建设单位、设计单位、施工单位的有关信息。

（一）原始资料的调查

原始资料的调查工作应有计划、有目的地进行，事先要拟定明确详细的调查提纲。调查的范围、内容、要求等，应根据拟建工程的规模、性质、复杂程度、工期及对当地熟悉了解程度而定。到新的地区施工时，调查了解、收集资料应全面、细致一些。

首先应向建设单位、勘察设计单位收集工程资料，如工程设计任务书，工程地质、水文勘察资料，地形测量图，初步设计或扩大初步设计及工程规划资料，工程规模、性质、建筑面积、投资等资料。

其次是向当地气象台（站）调查有关气象资料，向当地有关部门、单位收集当地政府的有关规定及建设工程的提示，以及有关协议书，了解社会协议书，了解劳动力、运输能力和地方建筑材料的生产能力。

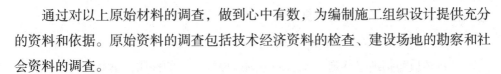

通过对以上原始材料的调查，做到心中有数，为编制施工组织设计提供充分的资料和依据。原始资料的调查包括技术经济资料的检查、建设场地的勘察和社会资料的调查。

1.技术经济资料的调查

技术经济资料的调查主要包括建设地区的能源、交通、材料、半成品及成品货源等内容，该调查可以作为选择施工方法和确定费用的依据。

（1）建设地区的能源调查

能源一般是指水源、电源、气源等。能源资料可向当地城建、电力、电话（报）局建设单位等进行调查，可作为选择施工用临时供水、供电和供气方式时经济分析比较的依据。

（2）建设地区的交通调查

交通运输方式一般有铁路、公路、水路、航空等。交通资料可向当地铁路、交通运输和民航等管理局的业务部门进行调查，主要作为组织施工运输业务、选择运输方式时经济分析比较的依据。

（3）主要材料的调查

材料内容包括三大材料（钢材、木材和水泥）、特殊材料和主要设备。这些资料一般向当地工程造价管理站及有关材料、设备供应部门进行调查，可作为确定材料供应、储存和设备订货、租赁的依据。

（4）半成品及成品货源的调查

半成品及成品货源内容包括地方资源和建筑企业的情况。这些资料一般向当地计划、经济及建筑等管理部门进行调查，可作为确定材料、构配件、制品等货源的加工供应方式、运输计划和规划临时设施的依据。

2.建设场地的勘察

建设场地的勘察主要是了解建设地点的地形、地貌、水文、气象及场址周围环境和障碍物情况等，可作为确定施工方法和技术措施的依据。

（1）地形、地貌的调查

地形、地貌的调查内容包括工程的建设规划图、区域地形图、工程位置地形图，水准点、控制桩的位置，现场地形、地貌特征，勘察高程及高差，等等。对地形简单的施工现场，一般采用目测和步测；对场地地形复杂的施工现场，可用测量仪器进行观测，也可向规划部门、建设单位、勘察单位等进行调查。这些资料可作为设计施工平面图的依据。

（2）工程地质及水文地质的调查

工程地质包括地层构造、土层的类别及厚度、土的性质、承载力及地震级别等。水文地质包括地下水的质量，含水层的厚度，地下水的流向、流量、流速、最高和最低水位，等等。这些内容的调查，主要是采取观察的方法，如直接观察附近的土坑、沟道的断层，附近建筑物的地基情况，地面排水方向和地下水的汇集情况；钻孔观察地层构造、土的性质及类别、地下水的最高和最低水位。这些内容还可向建设单位、设计单位、勘察单位等进行调查。工程地质及水文地质的调查可作为选择基础施工方法的依据。

（3）气象资料的检查

气象资料主要是指气温（包括全年、各月平均温度，最高与最低温度，5℃及0℃以下天数、日期）、雨情（包括雨期起止时间，年、月降水量和日最大降水量等）和风情（包括全年主导风向频率、大于八级风的天数及日期）等资料。这些资料可向当地气象部门进行调查，也可作为确定冬、雨季施工的依据。

（4）周围环境及障碍物的调查

周围环境及障碍物的调查内容包括施工区域有建筑物、构筑物、沟渠、水井、树木、土堆、电力架空线路、地下沟道、人防工程、上下水管道、埋地电缆、煤气及天然气管道、地下杂填坑、枯井等。这些资料要通过实地踏勘，并向建设单位、设计单位等调查取得，可作为布置现场施工平面的依据。

3.社会资料的调查

社会资料的调查内容主要包括建设地区的政治、经济、文化、科技、风土、民俗等。其中社会劳动力和生活设施、参加施工各单位情况的检查资料，可作为安排劳动力、布置临时设施和确定施工力量的依据。社会劳动力和生活设施的检查资料可向当地劳动、商业、卫生、教育、邮电、交通等主管部门进行调查。

（二）参考资料的收集

在编制施工组织设计时，为弥补原始资料的不足，还要借助一些相关的参考资料作为依据。这些参考资料可利用现有的施工定额、施工手册、建筑施工常用数据手册、施工组织设计实例或平时施工的实践经验获得。

二、施工技术的准备工作

技术资料的准备就是通常所说的室内准备，也即内业准备。技术准备是施工准备工作的核心。由于任何技术的差错或隐患都可能引起人身安全和质量事故，造成生命、财产和经济的巨大损失，因此必须认真地做好技术准备工作。其内容一般包括熟悉、审查施工图纸和有关的设计资料、签订施工合同、编制施工组织设计、编制施工预算。

（一）熟悉、审查相关资料

1.熟悉、审查施工图纸的依据

建设单位和设计单位提供的初步设计或扩大初步设计、施工图设计、土方竖向设计和区域规划等资料文件。

调查搜集的原始资料。

设计、施工验收规范和有关技术规定。

2.熟悉、审查设计图纸的目的

熟悉和审查设计图纸的目的是为了能够按照设计图纸的要求顺利地进行施工，生产出符合设计要求的最终建筑产品；为了能够在拟建工程开工之前，使从事建筑施工技术和经营管理的工程技术人员充分了解和掌握设计图纸的设计意图、结构与构造特点和技术要求。

通过审查发现设计图纸中存在的问题和错误，使其改正在施工开始之前，为拟建工程施工提供一份准确、齐全的设计图纸。

3.熟悉、审查设计图纸的内容

施工图审查主要包括政策性审查和技术性审查两部分内容。政策性审查主要审查施工图设计文件是否符合国家及本市有关法律法规的规定，是否符合资质管理、执业注册等有关规定，是否按规定在施工图上加盖出图章和签字，等等。技术性审查主要审查施工图设计文件中工程建设范围和内容是否符合已经批准的初步设计文件，施工图的数量和深度是否符合有关规程规范和满足施工要求、是否满足工程建设标准强制性条文（水利工程部分）的规定，主要技术方案是否有重大变更、是否危害公众安全，等等。

4.熟悉、审查设计图纸的程序

熟悉、审查设计图纸的程序通常分为自审阶段、会审阶段和现场签证三个阶段。

自审阶段。施工单位收到设计图纸后，组织工程技术人员熟悉图纸，写出自审图纸的记录，记录包括对设计图纸的疑问和对设计图纸的有关建议。

会审阶段。一般由建设单位主持，由设计单位、施工单位和监理单位参加，共同进行设计图纸的会审。一般先由设计单位说明拟建工程的设计依据、意图和功能要求，并对特殊结构、新材料、新工艺和新技术提出设计要求，然后由使用单位根据自身记录及对设计意图的了解，提出对设计图纸的疑问和建议，最后在统一认识的基础上对所探讨的问题逐一做好记录，形成"图纸会审纪要"，由建设单位正式行文，参加单位共同会签、盖章，作为施工和工程结算的依据。

现场签证阶段。在拟建工程施工的过程中，如果发现施工条件与设计图纸的条件不符，或者发现施工图纸中仍然有错误，或者因为材料的规格、质量不能够满足设计要求，或者因为施工单位提出了合理化建议，需要对设计图纸及时修订时，应遵循技术核定和设计变更的签证制度，进行图纸的施工现场签证。如果对拟建工程的规模、投资影响较大时，须报请项目的原批准单位批准。同时要形成完整的记录，作为指导施工、工程结算和竣工验收的依据。

（二）中标后签订施工合同

水利水电工程项目建设属于基本建设项目内容之一，其工程任务的发包多采用招投标方式发放。参与相关的招投标活动，中标后签订施工合同。依据合同法有关规定，招标文件属于要约邀请，投标文件属于要约，中标通知书属于承诺。这些文件都是合同文件的组成部分。

在签订施工合同时，合同文本一般采用合同示范文本。同时合同内容不能与前述文件冲突，也就是实质性内容不能与招标文件、投标文件、中标通知书的内容发生冲突。

（三）中标后施工组织设计

中标后的施工组织设计是施工准备工作的重要组成部分，也是指导施工现场全部生产活动的技术经济文件。施工生产活动的全过程是非常复杂的物质财富创造的过程，为了正确处理人与物、主体与辅助、工艺与设备、专业与协作、供应与消耗、生产与储存、使用与维修及它们在空间布置、时间排列之间的关系，必须根据拟建工程的规模、结构特点和建设单位要求，在原始资料检查分析的基础上，编制出一份切实指导该工程全部施工活动的科学方案。

（四）中标后编制施工预算

施工预算是根据中标后的合同价、施工图纸、施工组织设计或施工方案、施工定额等文件编制的，它直接受中标后合同价的控制。它是施工企业内部控制各项成本支出、考核用工、"两价"对比、签发施工任务单、限额领料、基层进行经济核算的依据。

三、施工生产准备工作

（一）施工现场的准备

施工现场是施工的全体参加者为实现优质、高速、低耗的目标，而有节奏、均衡连续地进行战术决战的活动空间。施工现场的准备工作主要是为了给拟建工程的施工创造有利的施工条件和物资保证。施工现场的准备工作包括拆迁安置、"三通一平"、测量放线、搭建临时设施等内容。

1.拆迁安置

水利工程建设的拆迁安置工作一般由政府部门或建设单位完成，也可委托给施工单位完成。拆除时，要弄清情况，尤其是原有障碍物复杂、资料不全时，应采取相应的措施，防止发生事故。架空电线、埋地电缆、自来水管、污水管、煤气管道等的拆除，都应与有关部门取得联系并办好手续后，才可进行，一般由专业公司来拆除。场内的树木须报请园林部门批准后方可砍伐。房屋要在水源、电源、气源等截断后才可进行拆除。坚实、牢固的房屋等，采用定向爆破方法拆除，应经有关主管部门批准，由专业施工队拆除。安置工作是该项工作中的重点，也是最容易起争端的环节，应给予足够的重视。

2."三通一平"

在工程施工范围内，平整场地和接通施工用水、用电管线及道路的工作，称为"三通一平"。这项工作，应根据施工组织设计中的"三通一平"规划来进行。

3.测量放线

这一工作是确定拟建工程平面位置的关键，施测中必须保证精度、杜绝错误。在测量放线前，应做好检验校正仪器、校核红线桩（规划部门给定的红线，在法律上起着控制建筑用地的作用）与水准点，制订测量放线方案（如平面控制、标高控制、沉降观测和竣工测量等）等工作。如果发现红线桩和水准点有问题，应提请建设单位处理。建筑物应通过设计图中的平面控制轴线来确定其轮廓位置，测定后提交有关部门和建设单位验线，以保证定位的准确性。

4.搭建临时设施

现场所需临时设施，应报请规划、市政、交通、环保等有关部门审查批准。为了施工方便、行人的安全，应用围墙将施工用地围护起来。围护的形式和材料应符合市容管理的有关规定和要求，并在主要入口处设置标牌，标明工地名称、施工单位、工地负责人等。所有宿舍、办公用房、仓库、作业棚等，均应按批准的图纸搭建，不得乱搭乱建，并尽可能利用永久性工程。

（二）施工队伍的准备

施工队伍的准备包括建立项目管理机构和专业或混合施工队、组织劳动力进场、进行计划和任务交底等。

1.配备项目管理人员

项目管理人员的配备，应视工程规模和难易程度而定。一般单位工程，可设一名项目经理、施工员（工长）及材料员等人员即可；大型的单位工程或建筑群，须配备一套项目管理班子，包括施工、技术、材料、计划等管理班子。

2.确定基本施工队伍

根据工程特点，选择恰当的劳动组织形式。土建施工队伍采用混合队伍形式，其特点是人员配备少，工人以本工种为主兼做其他工作，工序之间搭接比较紧凑，劳动效率高。例如砖混结构的主体阶段以瓦工为主，配有架子工、木工、钢筋工、混凝土工及机械工；装修阶段则以抹灰工为主，配有木工、电工；等等。对于装配式结构，则以结构吊装为主，配备适当的电焊工、木工、钢筋工、混凝土工、瓦工等。对于全现浇结构，混凝土工是主要工种，由于采用工具式模板，操作简便，所以不一定配备木工，只要有一些熟练的操作人员即可。

3.组织专业施工队伍

机电安装及消防、空调、通信系统等设备，一般由生产厂家进行安装和调试。有的施工项目需要机械化施工公司承担，如土石方、吊装工程等。这些都应在施工准备中以签订承包合同的形式予以明确,以便组织施工队伍。

4.组织外包施工队伍

由于建筑市场的开放及用工制度的改变,施工单位仅靠本身的力量来完成各项施工任务已不能满足要求,要组织外包施工队伍共同承担。外包施工队伍大致有独立承担单位工程的施工,承担分部、分项工程的施工,参与施工单位的班组施工三种形式。

5.讲解施工组织设计

该项工作的目的是把拟建工程的设计内容、施工计划和施工技术等要求,详尽地向施工队组和工人讲解交代。这是落实计划和技术责任制的最好办法。完成交底工作后,要组织其成员进行认真的分析研究,弄清关键部位、质量标准、安全措施和操作要领。必要时应该进行示范,并明确任务,及时做好分工协作,同时建立健全岗位责任制和保证措施。

6.建立健全管理制度

工地的各项管理制度是否建立、健全,直接影响其各项施工活动的顺利进行。有章不循其后果是严重的,而无章可循更是危险的。为此,必须建立、健全工地的各项管理制度,一般包括:工程质量检验与验收制度,工程技术档案管理制度,建筑材料检查验收制度,技术责任制度,施工图纸学习与会审制度,技术交底制度,职工考勤、考核制度,工地及班组经济核算制度,材料出入库制度,安全操作制度,机具使用保养制度,员工宿舍管理制度,食堂卫生安全管理制度,等等。

（三）施工物资的准备

材料、构件、机具等物资是保证施工任务完成的物质基础。根据工程需要确定用量计划,及时组织货源,办理订购手续,安排运输和储备,满足连续施工的需要。对特殊的材料、构件、机具更应提早准备。材料和构件除了按需用量计划分期、分批组织进场外,还要根据施工平面图规定的位置堆放。按计划组织施工机具进场,做好井架搭设、塔吊布置及各种机具的位置安排,并根据需要搭设操作棚,接通动力和照明线路,做好机械的试运行工作。

1.施工物资准备工作的内容

物资准备工作主要包括建筑材料的准备、构配件和制品的加工准备、建筑安装机具的准备和生产工艺设备的准备。物资准备应严格按照施工进度编制物资使用计划，并按照物资使用计划严格控制，确保工程顺利进展行。物资的储存应按种类、规格、使用时间、材料储存时间、现场布置进行堆放。

2.施工物资准备工作的程序

物资准备工作的程序是搞好物资准备的重要手段。

通常按如下程序进行：①根据施工预算、分部工程施工方法和施工进度的安排，拟订国拨材料、统配材料、地方材料、构配件及制品、施工机具和工艺设备等物资的需要量计划；②根据各种物资需要量计划，组织资源，确定加工、供应商地点和供应方式，签订物资供应合同；③根据各种物资的需要量计划和合同，拟订运输计划和运输方案；④按照施工总平面图的要求，组织物资按计划时间进场，在指定地点，按规定方式进行储存或堆放。

综上所述，各项施工准备工作不是分离的、孤立的，而是互为补充、相互配合的。为了提高施工准备工作的质量，加快施工准备工作的速度，必须加强建设单位、设计单位、施工单位和监理单位之间的协调工作，建立健全施工准备工作的责任制度和检查制度，使施工准备工作有领导、有组织、有计划和分期分批地进行，贯穿施工全过程的始终。

第二节 施工进度与成本控制

一、水利水电工程施工进度控制

（一）工程项目进度管理概述

项目管理的对象是项目，由于项目是一次性的，故项目管理需要用系统工程的观念、理论和方法进行管理，具有全面性、科学性和程序性。项目管理的目标就是项目的目标，项目的目标界定了项目管理的主要内容是"三控制、三管理、一协调"，即进度控制、质量控制、费用控制、合同管理、安全管理、信息管理和组织协调。

工程项目进度管理，是指在项目实施过程中，对各阶段的进展程度和项目最终完成的期限所进行的管理。其目的是保证项目能在满足其时间约束条件前提下实现其总体目标，是保证项目如期完成和合理安排资源供应、节约工程成本的重要措施之一。

1.施工项目进度计划

在项目实施之前，必须先对工程项目各建设阶段的工作内容、工作程序、持续时间和衔接关系等制订出一个切实可行的、科学的进度计划，然后按计划逐步实施。工程项目进度计划的作用有如下四点。

为项目实施过程中的进度控制提供依据。

为项目实施过程中的劳动力和各种资源的配置提供依据。

为项目实施过程中有关各方在时间上的协调配合提供依据。

为在规定期限内保质、高效地完成项目提供保障。

2.施工项目进度控制

施工项目进度控制是指在既定的工期内，编制出最优的施工进度计划，在执行该计划的施工中，按时检查施工实际进度情况，并将其与计划进度相比较；若出现偏差，就分析产生的原因及对工期的影响程度，提出必要的调整措施，修改原计划，如此不断循环，直至工程竣工验收。施工项目进度控制是保证施工项目按期完成、合理安排资源供应、节约工程成本的重要措施。

工程项目进度控制的最终目的是确保项目进度计划目标的实现，实现施工合同约定的竣工日期，其总目标是建设工期。

（二）影响工程项目进度的因素及处理措施

1.影响工程项目进度的因素

由于水利水电工程项目的施工特点，尤其是大型和复杂的施工项目，工期较长，影响进度的因素较多，编制和控制计划时必须充分认识和考虑这些因素，才能克服其影响，使施工进度尽可能按计划进行。工程项目进度的主要影响因素有如下五点。

有关单位的影响。

施工条件的变化。

技术失误。

施工组织管理不力。

意外事件的出现。

2.影响工程项目进度的处理措施

工程进度的推迟一般分为工程延误和工程延期，其责任及处理方法不同。

①工程延误。由于承包商自身的原因造成的工期延长，称为工程延误。由于工程延误所造成的一切损失由承包商自己承担，包括承包商在监理工程师的同意下采取加快工程进度的措施所增加的费用。同时，由于工程延误造成工期延长，承包商还要向业主支付误期损失补偿费。这是因为工程延误所延长的时间不属于合同工期的一部分。

②工程延期。由于承包商以外的原因造成施工期的延长，称为工程延期。经过监理工程师批准的延期所延长的时间属于合同工期的一部分，即工程竣工的时间等于标书中规定的时间加上监理工程师批准的工程延期时间。可能导致工程延期的原因有工程量增加、未按时向承包商提供图样、恶劣的气候条件、业主的干扰和阻碍等。判断工程延期总的原则就是除承包商自身以外的任何原因造成的工程延长或中断。工程中出现的工程延长是否为工程延期对承包商和业主都很重要。

因此，应按照有关的合同条件，正确地区分工程延误与工程延期，合理地确定工程延期的时间。

3.工程项目进度控制的内容

进度控制是指管理人员为了保证实际工作进度与计划一致，有效地实现目标而采取的一切行动。建设项目管理系统及其外部环境是复杂多变的，管理系统在运行中会出现大量的管理主体不可控制的随机因素，即系统的实际运行轨迹是由预期量和干扰量共同作用而决定的。在项目实施过程中，得到的中间结果可能与预期进度目标不符甚至相差甚远，因此必须及时调整人力、时间及其他资源，改变施工方法，以期达到预期的进度目标。这个过程称为施工进度动态控制。

根据进度控制方式的不同，可以将进度控制过程分为预先进度控制、同步进度控制和反馈进度控制

（1）预先进度控制的内容

预先进度控制是指项目正式施工前所进行的进度控制，其行为主体是监理单位和施工单位的进度控制人员，其具体内容如下。

编制施工阶段进度控制工作细则。施工阶段进度控制工作细则，是进度管理人员在施工阶段对项目实施进度控制的一个指导性文件。

编制或审核施工总进度计划。

审核单位工程施工进度计划。

进行进度计划系统的综合。

（2）同步进度控制的内容

同步进度控制是指项目施工过程中进行的进度控制，这是施工进度计划能否付诸实践的关键过程。进度控制人员一旦发现实际进度与目标偏离，必须及时采取措施以纠正这种偏差。项目施工过程中进度控制的执行主体是工程施工单位，进度控制主体是监理单位。

施工单位按照进度要求及时组织人员、设备、材料进场，并及时上报分析进度资料，确保进度的正常进行，监理单位同步进行进度控制。

对收集的进度数据进行整理和统计，并将计划进度与实际进度进行比较，从中发现是否出现进度偏差。分析进度偏差将会带来的影响并进行工程进度预测，从而提出可行的修改措施。组织定期和不定期的现场会议，要及时分析、通报工程施工进度状况，并协调各承包商之间的生产活动。

（3）反馈进度控制的内容

反馈进度控制是指完成整个施工任务后进行的进度控制工作，具体内容有如下四点。

应及时组织验收工作。

处理施工索赔。

整理工程进度资料。

根据实际施工进度，要及时修改和调整验收阶段进度计划及监理工作计划，以保证下一阶段工作的顺利开展。

4.工程项目进度控制的方法

工程项目进度控制的方法主要有行政方法、经济方法和管理技术方法等。

（1）行政方法

用行政方法控制进度，是指通过发布进度指令进行指导、协调、考核，利用激励手段（奖、罚、表扬、批评等）监督、督促等方式进行进度控制。

（2）经济方法

进度控制的经济方法，是指有关部门和单位用经济手段对进度控制进行影响和制约。进度控制的经济方法主要有四种：①投资部门通过投资投放速度控制工程项目的实施进度；②在承包合同中写进有关工期和进度的条款；③建设单位通过招标的进度优惠条件鼓励施工单位加快进度；④建设单位通过工期提前奖励和工程延误罚款实施进度控制。

（3）管理技术方法

进度控制的管理技术方法主要有规划、控制和协调。所谓规划，就是确定项目的总进度目标和分进度目标；所谓控制，就是在项目进行的全过程中，进行计划进度与实际进度的比较，发现偏离，及时采取措施进行纠正；所谓协调，就是协调参加工程建设各单位之间的进度关系。

5.工程项目进度的措施

进度控制的措施包括组织措施、技术措施（合同措施、经济措施和信息管理措施）等。

（1）组织措施

工程项目进度控制的组织措施主要有如下四点。

落实进度控制部门人员、具体控制任务和管理职责分工。

进行项目分解，如按项目结构分、按项目进展阶段分、按合同结构分，并建立编码体系。

确定进度协调工作制度，包括协调会议举行的时间、协调会议的参加人员等。

对影响进度目标实现的干扰和风险因素进行分析。风险分析要有依据，主要是根据多年统计资料的积累，对各种因素影响进度的概率及进度拖延的损失值进行预测，并应考虑有关项目审批部门对进度的影响等。

（2）技术措施

工程项目进度控制的技术措施是指采用先进的施工工艺、方法等以加快施工进度。

①合同措施。工程项目进度控制的合同措施主要有分段发包、提前施工及合同的合同期与进度计划的协调等。

经济措施。工程项目进度控制的经济措施是指保证资金供应的措施。

信息管理措施。工程项目进度控制的信息管理措施主要是通过计划进度与实际进度的动态比较，收集有关进度的信息等。

6.施工进度计划的实施

施工进度计划的实施即施工活动的开展，就是用施工进度计划指导施工活动，落实和完成计划。施工进度计划逐步实施的过程就是施工项目建造逐步完成的过程。为了保证施工进度计划的实施、保证各进度目标的实现，应做好以下三方面的工作。

（1）施工进度计划的审核

项目经理应进行施工项目进度计划的审核，其主要内容包括如下八点。

进度安排是否符合施工合同确定的建设项目总目标和分目标的要求，是否符合其开工日期、竣工日期的规定。

施工进度计划中的内容是否有遗漏，分期施工是否满足分批交工的需要和配套交工的要求。

施工顺序安排是否符合施工程序的要求。

资源供应计划是否能保证施工进度计划的实现，供应是否均衡，分包人供应的资源是否能满足进度的要求。

施工图设计的进度是否满足施工进度计划要求。

总分包之间的进度计划是否相协调，专业分工与计划的衔接是否明确、合理。

对实施进度计划的风险是否分析清楚，是否有相应的对策。

各项保证进度计划实现的措施设计是否周到、可行、有效。

（2）施工项目进度计划的贯彻

检查各层次的计划，形成严密的计划保证系统。

层层明确责任并充分利用施工任务书。

进行计划的交底，促进计划的全面、彻底实施。

（3）施工项目进度计划的实施

编制月（旬）作业计划。为了实施施工计划，将规定的任务结合现场施工条件，如施工场地的情况、劳动力、机械等资源条件和实际的施工进度，在施工开始前和过程中不断地编制本月（旬）作业计划，这是使施工计划更具体、更实际和更可行的重要环节。在月（旬）计划中要明确本月（旬）应完成的任务、所需要的各种资源量、提高劳动生产率的措施等。

签发施工任务书。编制好月（旬）作业计划以后，将每项具体任务通过签发施工任务书的方式下达班组进一步落实、实施。施工任务书是向班组下达任务，实行责任承包、全面管理和原始记录的综合性文件。

做好施工进度记录，填好施工进度统计表。在计划任务完成的过程中，各级施工进度计划的执行者都要跟踪做好施工记录。

做好施工中的调度工作。施工中的调度是组织施工中各阶段、环节、专业和工种的配合、进度协调的指挥核心。

7.施工进度计划的检查

在施工的实施过程中，为了进行进度控制，进度控制人员应经常地、定期地跟踪检查施工实际进度情况。主要是收集施工进度材料，进行统计整理和对比分析，确定实际进度与计划进度之间的关系。其主要工作包括如下三点。

（1）跟踪检查施工实际进度

为了对施工进度计划的完成情况进行统计、进度分析和为调整计划提供信息，应对施工进度计划依据其实施记录进行跟踪检查。

跟踪检查施工实际进度是项目施工进度控制的关键措施。一般检查的时间间隔与施工项目的类型、规模、施工条件和对进度执行要求程度有关。

根据不同需要，进行日常检查或定期检查的内容包括如下七点。

检查期内实际完成和累计完成工程量。

实际参加施工的人力、机械数量和生产效率。

施工人数、施工机械台班数及其原因分析。

进度偏差情况。

进度管理情况。

影响进度的特殊原因及分析。

整理统计检查数据。

（2）对比实际进度与计划进度

将收集的资料整理和统计成具有与计划进度可比性的数据后，用施工项目实际进度与计划进度进行比较。通常用的比较方法有横道图比较法、S曲线比较法、香蕉形曲线比较法、前锋线比较法和列表比较法等。通过比较得出实际进度与计划进度相一致、超前、拖后三种情况。

（3）施工进度检查结果的处理

对于施工进度检查的结果，应按照检查报告制度的规定，形成进度控制报告

向有关主管人员和部门汇报。

进度控制报告是根据报告对象的不同、编制范围和内容的不同而分别编制的。一般分为：①项目概要级进度控制报告，是报给项目经理、企业经理或业务部门及建设单位（业主）的，它是以整个施工项目为对象说明进度计划执行情况的报告；②项目管理级的进度报告，是报给项目经理及企业业务部门的，它是以单位工程或项目分区为对象说明进度计划执行情况的报告；③业务管理级的进度报告，是以某个重点部位或重点问题为对象编写的报告，供项目管理者及各业务部门为其采取应急措施而使用的。

通过检查应向企业提供施工进度报告的内容主要包括：项目实施概况、管理概况、进度概要的总说明，项目施工进度、形象进度及简要说明，施工图纸提供进度，材料物资、构配件供应进度，劳务记录及预测，日历计划，对建设单位、监理和施工者的工程变更指令、价格调整、索赔及工程款收支情况，进度偏差的状况和导致偏差的原因分析，解决的措施，计划调整意见，等等。

8.网络计划技术的应用

网络计划技术也称网络计划，是进行生产组织与管理的一种方法。网络计划技术的基本原理：应用网络图形来表示一项计划中各项工作的开展顺序及其相互之间的关系；通过网络图进行时间参数的计算，找出计划中的关键工作和关键线路，通过不断改进网络计划，寻求最优方案，以最小的消耗取得最大的经济效果。这种方法广泛应用在工业、农业、国防和科研计划与管理中。在工程领域，网络计划技术的应用尤为广泛，被称为"工程网络计划技术"。

网络计划技术的核心基础是建立网络图模型。网络图是"由箭线和节点组成的，用来表示工作流程的有限、有向、有序的网络图形"。网络计划是"用网络图表达任务构成、工作顺序，并加注工作时间参数的进度计划"。

由于网络计划具有各项目之间关系清楚、便于进度计划的优化调整和计算机的应用等优点，所以在水利水电工程编制的各种进度计划中，常采用网络计划技术。

二、水利水电工程施工成本控制

（一）施工成本管理的措施

项目成本管理是在保证满足工程质量、工期等合同要求的前提下，对项目实施过程中所发生的费用，通过计划、组织、控制和协调等活动实现预定的成本目标，并尽可能地降低成本费用的一种科学的管理活动。

要降低成本，必须加强管理和控制。首先要制定成本的计划目标，制定原材料购置和各项支出的目标价格，使成本耗费在一定的目标内；其次要依照市场经济规律调整支出的计划成本，使成本处于有效控制中；最后应从组织、经济、技术、合同等多方面采取一系列可行的措施，精心组织施工，挖掘各方面潜力，加强成本控制，从而达到对施工过程中的各项费用实施直接有效的控制。成本管理的措施主要有组织措施、技术措施等。

1.施工成本管理的组织措施

组织措施是从施工成本管理的组织方面采取的措施。它要求企业编制本阶段施工成本控制工作计划和详细的工作流程图，从施工成本管理的组织方面采取领导亲自抓、员工全参与，使成本管理深入基层、落实到人。

另外，组织措施还应编制施工成本控制工作计划，确定合理、详细的工作流程。具体包括以下内容：做好施工采购规划，通过生产要素的优化配置、合理使用、动态管理，有效控制实际成本；加强施工定额管理和施工任务单管理，控制活劳动和物化劳动的消耗；加强施工调度，避免因施工计划不周和盲目调度造成窝工损失、机械利用率降低、物料积压等而使施工成本增加。

2.施工成本管理的技术措施

施工方案不同，不但会影响项目的工程和质量目标，也会显著地影响项目的成本。在项目成本管理中，要十分注重和发挥技术与方案对降低成本的重要作用，因为：一方面，技术的提高或新技术的采用，必然大幅度提高劳动效率和节省材料，从而节约成本；另一方面，通过优化施工方案来提高工效，缩短工期，进而节省大笔的机械及周转料具的租赁费及项目的管理费，有利于降低项目成本。

施工过程中的降低成本的技术措施包括：进行技术经济分析，确定最佳的施工方案；在满足功能要求的前提下，结合施工方法，进行材料使用的比选，选择代用、改变配合比、使用添加剂等方法来达到降低材料的消耗费用的目的；结合项目的施工组织设计及自然地理条件，降低材料的库存成本和运输成本。

（二）施工成本计划的编制

成本计划是成本管理的一项重要内容，是建筑企业经营的重要组成部分。施工成本计划是以货币形式预先编制施工项目在计划期内的生产费用与成本的总水平，通过施工成本计划事先基本确定成本降低率，以及为降低成本所采取的主要措施和规划的书面方案，在实施中按成本管理层次、有关成本项目及项目进展逐阶段对成本计划加以分解，最后制订各级保证成本计划实施的措施方案。它是建立施工项目成本管理责任制、开展成本控制和核算的基础，是实现该项目降低施工成本任务的指导性文件，也是施工项目成本预测的继续。

施工成本计划的编制以成本预测为基础，关键是确定目标成本，并要使得成本目标最终实现。但是施工成本计划的编制又不能照搬投标期间的预测成本，因为中标以后的客观环境和条件与投标期间相比已经发生了变化，项目目标成本也必须符合中标以后的实际情况，它应随着合同条件、施工组织方案、建筑市场等环境和条件的变化，经过分析、比较、判断之后做出相应的调整。因此，施工项目成本计划的编制不是一个绝对的固定方案，而是一个相对动态的过程。

1.编制依据

成本计划的制订必须根据国家政策、市场信息和企业内部资料，预测市场变化，做出自身计划。广泛收集资料、归纳整理并做出相应调整是编制成本计划的必要步骤，收集的资料也是编制成本计划的依据。这些编制依据包括如下几点。

国家和上级部门有关编制成本计划的规定。

项目经理部与企业签订的承包合同、分包合同（或估价书）、结构件外加工计划和合同及企业下达的成本降低额、降低率和其他有关技术经济指标。

有关人工、材料、机械台班市场与公司内部价格等成本预测、决策的资料。

施工项目的施工图预算、施工预算。

施工组织设计或施工方案及拟采取的降低施工成本的措施。

施工项目使用的机械设备生产能力及其利用情况。

施工项目的材料消耗、物资供应、劳动工资、周转设备租赁价格及劳动效率、摊销损耗标准等计划资料。

计划期内的物资消耗定额、劳动工时定额、费用定额等资料。

以往同类项目成本计划的实际执行情况及有关技术经济指标完成情况的分析资料。

同行业同类项目的成本、定额、技术经济指标资料及增产节约的经验和有效措施。

本企业的历史先进水平和当时的先进经验及采取措施的历史资料。

国外同类项目的先进成本水平情况等资料及其他相关资料。

此外，还应深入分析当前情况和未来的发展趋势，了解影响成本升降的各种有利和不利因素，研究如何克服不利因素和降低成本的具体措施，为编制成本计划提供丰富、具体和可靠的成本资料。

2.编制原则

兼容先进性和可操作性的原则。

弹性原则。

可比性原则。

与其他计划相协调的原则。

3.编制程序

编制成本计划的程序，因项目的规模大小、管理要求不同而不同，大中型项目一般采用分级编制的方式，即先由各部门提出部门成本计划，再由项目经理部汇总编制全项目工程的成本计划；小型项目一般采用集中编制方式，即由项目经理部先编制各部门成本计划，再汇总编制全项目的成本计划。无论采用哪种方式，其编制成本计划前的测算工作，都应经过认真收集和整理有关工程项目的成本资料，结合相关政策、建筑市场和企业能力等情况来分析这些资料，仔细地研究平衡试算，最终才能提出较为科学的成本降低目标。

确定目标之后则进入成本计划草案的编制阶段，这一阶段应当在总会计师的具体领导下，由财务部门牵头，会同计划、预算、技术等有关部门进行，紧紧围绕企业经营方针和目标，收集和整理与成本相关的基础预测资料，依据计划年度的施工生产任务、物资供应、劳动工资、技术组织措施等计划和预算定额、劳动定额、工资水平及本企业历史上各项消耗指标，并参考同行业先进成本水平和技术经济指标等。这一环节中最重要的是技术措施要结合施工组织设计的编制过程，通过不断优化施工技术方案和合理配置生产要素，进行工料机消耗的分析，制定一系列的节约成本和挖潜措施，即选定技术上可行、经济上合理的最优降低成本方案。

编制工程成本计划草案后，还要结合企业诸如进度计划、质量计划等其他计划，同时结合企业为了实现对其他所有项目的资源综合利用的整体安排，达到企业各项计划综合平衡之后，才能编制正式的施工成本计划。成本计划指标经过试算平衡后，如果已经达到了降低成本计划指标的要求，可以将成本确定的指标进行分解，向企业内部各部门、各层次提出降低成本要求和各自所承担的具体指标及指标控制数值。这样通过成本计划把目标成本层层分解，落实到施工过程的每个环节，以调动全体职工的积极性，有效地落实成本计划、进行成本控制。

4.编制方法

（1）按施工成本组成编制的方法

施工成本按成本组成分解可以有两种分解方式：一种是可以分为人工费、材料费、施工机械使用费、措施费和间接费；另一种是根据成本习性将成本分成固定成本和变动成本两类，编制计划成本。

其中，变动成本是与任务量有直接联系的成本。属于变动成本的有材料费、在计件工资形式下的人工费，其中奖金、效益工资和浮动工资部分，亦应计入变动成本。其他直接费用，如水、电、风、气等费用及现场发生的材料二次搬运费，多数与产量发生联系，也属于变动成本。固定成本是与任务量增减无直接关系的成本项目，如属于计时工资形式下的员工工资、办公费、差旅交通费、固定资产使用费、施工管理费和劳动保护费等基本上属于固定成本。机械使用费中有些费用随产量增减而变动，如燃料、动力费，属变动成本；有些费用不随产量变动，如机械折旧费、大修理费，机修工、操作工的工资等，属于固定成本。

此外，还有部分费用为介于固定成本和变动成本之间的半变动成本，如机械的场外运输费和机械组装拆卸、替换配件等平常修理费，则按一定比例划归为固定成本与变动成本。

在按照施工成本组成编制成本计划时，把成本分解为材料、人工、机械费、运费等主要支出项目后，要对各个项目再加以详细分解，并对计划中各种子项目计划支出做出估算说明。只有制定这样详细的指标，才能达到在实际施工中对成本加以控制与考核的目的，否则以没有具体目标的计划为指导，是不能真正起到控制作用的。

（2）按项目组成的编制方法

按照目前的项目组成分解结构来编制施工成本计划的方法，称为工作分解法。它的特点是主要以施工图中的工程实物量为基础，以本企业做出的项目施工组织设计及技术方案为依据。其具体步骤：首先把整个工程项目逐级分解为一个个单位工程，再把每个单位工程依次分解为一个个分部工程，最终分解为便于进行单位工料成本估算的分项或工序，套以实际价格和计划的物资、材料、人工、机械等消耗定额；其次计算工料消耗量，并进行工料汇总，然后统一以货币形式估算出工程项目的实际成本费用；最后按分项自下而上估算、汇总，从而得到整个工程项目的成本估算。成本目标估算汇总后还要考虑风险系数与物价指数，并据此对估算结果加以修正。

利用上述系统在进行成本计划时，工作划分得越细、越具体，价格和工程量的确定就越容易。除自上而下逐级展开工作分解外，还要对材料、人工、机械费、运费等主要支出项目加以横向分解，例如应把钢材、木材、水泥等主要材料费的计划用量分解到各个更细的阶段和环节，以便在实际施工中加以控制与考核。因为在此基础上分级分类编制的工程项目的成本计划才是具体实施时成本控制的直接依据。

（3）按工程进度的编制方法

编制按时间进度的施工成本计划，通常可利用控制项目进度的网络图进一步扩充而得，即在建立网络图时，一方面确定完成各项工作所须花费的时间，另一方面同时确定完成这一工作的合适的施工成本支出计划。在实践中，将工程项目分解为既能方便地表示时间，又能方便地表示施工成本支出计划的工作是不容易的。通常如果项目分解程度对时间控制合适，则对施工成本支出计划可能分解过细，以至于不可能对每项工作确定其施工成本支出计划，反之亦然。

因此，在编制网络计划时，应在充分考虑进度控制对项目划分要求的同时，考虑确定施工成本支出计划对项目划分的要求，做到两者兼顾。按工程进度编制施工成本计划的表现形式是通过对施工成本目标按时间进行分解，在网络计划基础上，可获得项目进度计划的横道图，并在此基础上编制成本计划。

一般工作中编制月度项目施工成本计划，是指项目某一月度根据施工进度计划所编制的项目施工成本收入、支出计划。它包括根据施工进度计划而做出的各种资源消耗量计划、各项现场管理费收入及支出计划。月度项目施工成本计划属于现场控制性计划，是项目经理部继续进行各项成本控制工作的依据。

以上三种编制施工成本计划的方法并不是相互独立的，在实践中，往往是将这几种方法结合起来使用，从而达到扬长避短的效果。

（三）施工成本控制

对施工企业来讲，成本、质量、工期是施工的三大目标，其中成本反映的是项目施工过程中各种耗费的总和，承包企业项目成本控制的重心应包括计划预控、过程控制和纠偏控制三个重要环节。施工企业的成本分为直接成本和间接成本两部分。直接成本是指为施工准备、施工组织和管理施工生产的全部费用的支出，是无法直接计入工程对象，但为进行工程施工所必然会产生的费用，包括管理人员的工资、办公费、差旅交通费等；间接成本是指在施工过程中，所耗费的构成工程实体或有助于工程实体形成的各项费用支出，是可以直接计入工程对象的费用，包括人工费、材料费、施工机械费和施工措施费等。其中，直接成本为施工企业成本的主要部分，是施工企业成本的重点控制对象。企业能可持续生存与发展的首要竞争能力是具有更强的竞争力、更大的利润空间。

施工企业只有对成本实施有效的控制，才能使企业具有更强的竞争力。

1.施工成本控制的步骤

确定了项目施工成本计划之后，在实施的过程中不能只照搬计划指标，还要不断地、有序地进行统计与比较、分析与反馈工作，必须定期地进行施工成本计划值与实际值的比较。当实际值偏离计划值时，分析产生偏差的原因，采取适当的纠偏措施，以确保施工成本控制目标的实现。因此，施工成本控制分为比较、分析、预测、纠偏和检查五个步骤。

①比较。按照某种确定的方式将施工成本计划值与实际值逐项进行比较，以发现施工成本是否已超支。

②分析。在对比分析的基础上，深入剖析比较的结果，以确定偏差的严重性及偏差产生的原因。这一步是施工成本控制工作的核心，其主要目的在于找出产生偏差的原因，从而采取有针对性的措施，减少或避免相同原因偏差的再次发生或减少由此造成的损失。

③预测。根据项目实施情况估算整个项目完成时的施工成本，预测的目的在于为决策提供支持。

④纠偏。当工程项目的实际施工成本出现偏差时，应当根据工程的具体情况、偏差分析和预测的结果，采取适当的措施，以期达到使施工成本偏差尽可能小的目的。纠偏是施工成本控制中最具实质性的一步。只有通过纠偏，才能最终达到有效控制施工成本的目的。

⑤检查。对工程的进展进行跟踪和检查，及时了解工程进展状况及纠偏措施的执行情况和效果，为今后的工作积累经验。

2.施工成本控制的方法

项目施工成本的控制法是在成本发生和形成的过程中对成本进行的监督检查，成本的发生与形成是一个动态的过程，这就决定了成本的控制也是一个动态的过程，也可称为成本的过程控制。成本的过程控制主控对象与内容有如下四点。

（1）控制人工费用

人工费的控制实行"量价分离"的方法，将作业用工及零星用工按照定额工日的一定比例综合确定用工数量与单价，通过劳务合同进行控制。

（2）控制材料费用

施工材料费的控制是降低工程成本的重要环节。做好材料的管理，降低材料费用是提高劳动生产率、降低工程成本的最重要途径。材料费的控制从材料的用量和材料价格两方面进行控制。材料用量的控制一般用定额控制、指标控制、计量控制和包干控制等方法；材料价格的控制主要由材料采购部门控制，由于材料价格由买价、运杂费、运输中的合理损耗等组成，因此主要是通过掌握市场信息，应用招标和询价等方式控制材料、设备的采购价格。

具体在施工中材料的控制应主要从以下六方面实施控制。

①材料的采购供应控制。因为施工周期较长、需求数量较大、品种复杂，这个环节是实现工程进度计划的保证，所以必须事前做好材料市场调查和信息收集工作，掌握产地、货源、生产及流通等第一手资料。在保证质量的前提下，其他材料尽量用当地材料代替外运材料，就近采购，减少中转环节。采购时一般集中选择信誉良好、资金雄厚的供应商或厂家，供货的时间、质量、数量可以得到有力的保证。

②材料的计划、保管控制。材料采购是集中或分批采购，但消耗是连续不断进行的，所以做好计划与保管工作是一个持续而又重要的环节。根据施工进度计划，做好材料领用、回收、库存统计和供应的年度、季度、月材料计划工作，避

免材料储备过多而占用资金、场地、仓库，有的储存时间过长甚至会变质，储备过少又不能保证生产连续进行；合理设置仓库、堆场和加工厂位置，节约场内外运费；为保证施工用料的不均衡和不间断，必须按材料品种、供应条件，制定一个合理的经济库存量；回收包装用品，做好废旧物资的回收利用；加强验收，防止缺吨、短方、少尺、少件现象。

③领料的限额控制。施工班组严格实行限额领料、控制用料，凡超额使用的材料，由班组自负费用，节约的材料可以由项目部与施工班组分成，使员工充分认识到节约与自身利益相联系，在日常工作中主动掌握节约材料的方法，降低材料废品率。

④严格规章制度控制。对施工班组进行技术及奖罚制度培训，从而提高施工人员节约材料的意识。要求进行材料检查、抽检测试，监督材料合理使用、回收利用工作，严格控制材料规格和质量，避免大材小用、优材劣用。

⑤材料的包干使用控制。工程中辅助材料很多，如管理不善会造成材料的极大浪费。对于辅助材料的管理，应建立材料包干经济责任制，推行仓库管理承包、材料资金包干等经济承包制度。

⑥技术措施控制。采用先进的施工工艺等可降低材料消耗，例如改进材料配合比设计，合理使用化学添加剂；精心施工，控制构筑物和构件尺寸，减少材料消耗；改进装卸作业，节约装卸费用，减少材料损耗，提高运输效率；经常分析材料使用情况，核定和修订材料消耗定额，使施工定额保持平均先进水平。

（3）控制机械费用

机械一般通过租赁方式使用，因此必须合理配备施工机械，提高机械设备的利用率和完好率。施工机械的使用费主要从台班数量和台班单价两方面控制。

（4）控制分包费用

有些作为总包的施工单位，由于其施工的资质有限和充分利用市场配置资源的需要，会将诸如桩基础、弱电、消防、栏杆、门窗等部分工程分包给具有相应专业施工资质的企业施工。由此带来分包费用的控制是施工项目成本控制的重要工作之一，项目经理部在确定施工方案的初期就要确定需要分包的工程范围。对分包费用的控制，主要是要做好分包工程的询价、订立平等互利的分包合同、建立稳定的分包关系网络、加强施工验收和分包结算等工作。

第三节 施工质量与安全控制

一、水利水电工程施工质量控制

（一）水利水电工程项目施工质量管理

1.质量管理的规律与形式

（1）PDCA循环

PDCA循环又称戴明环，是美国质量管理专家戴明博士首先提出的，它反映了质量管理活动的规律。质量管理活动的全部过程，是质量计划的制订和组织实现的过程，这个过程就是按照PDCA循环，不停顿地周而复始地运转的。每一循环都围绕着实现预期的目标，进行计划、实施、检查和处置活动，随着对存在问题的克服、解决和改进，不断增强质量能力，提高质量水平。

PDCA循环主要包括四个阶段计划（Plan）、实施（Do）、检查（Check）和处置（Action）。

①计划。质量管理的计划职能，包括确定或明确质量目标和制订实现质量目标的行动方案两方面。

②实施。实施职能在于将质量的目标值，通过生产要素的投入、作业技术活动和产出过程，转换为质量的实际值。

③检查。对计划实施过程进行各种检查，包括作业者的自检、互检和专职管理者专检。

④处置。对于质量检查所发现的质量问题，应及时进行原因分析，采取必要的措施，并予以纠正，保持工程质量形成过程的受控状态。

（2）全面质量管理

全面质量管理（Total Quality Control，简称TQC）是以组织全员参与为基础的质量管理形式，其代表了质量管理发展的最新阶段，它起源于美国，在欧美和日本等工业化国家广泛应用。20世纪80年代后期以来，逐渐由早期的全面质量管理（Total Quality Management，简称TQM）演化而来，其含义远远超出了一般意义上的质量管理的领域，而成为一种综合的、全面的经营管理方式和理念。中国自20世纪80年代开始引进和推行全面质量管理以来，在理论和实践上都有了一定的发展，并取得了显著成效。

全面质量管理定义为：一个组织以质量为中心，以全员参与为基础，目的在于通过让顾客满意和本组织所有成员及社会受益而达到长期成功的管理途径。这一定义反映了全面质量管理概念的最新发展，也得到了质量管理界广泛的认同。因此，建设项目的质量管理，应当贯彻如下"三全"管理的思想和方法。

①全方位质量管理。

②全过程质量管理。

③全员参与质量管理。

2.质量控制的三个阶段

质量控制是质量管理的一部分。质量控制是在明确的质量目标条件下通过行动方案和资源配置的计划、实施、检查和监督来实现预期目标的过程。在质量控制的过程中，运用全过程质量管理的思想和动态控制的原理，主要可以将其分为三个阶段，即事前质量预控、事中质量控制和事后质量控制。

事前质量预控是利用前馈信息实施控制，重点放在事前的质量计划与决策上，即在生产活动开始以前根据对影响系统行为的扰动因素做种种预测，并制订出控制方案。这种控制方式是十分有效的。

事中质量控制也称为作业活动过程质量控制，是指质量活动主体的自我控制和他人监控的控制方式。自我控制是第一位的，即作业者在作业过程中对自己质量活动行为的约束和技术能力的发挥，以完成预定质量目标的作业任务；他人监控是指作业者的质量活动和结果，接受来自企业内部管理者和来自企业外部有关方面的检查、检验。

事后质量控制也称为事后质量把关，以使不合格的工序或产品不流入后道工序、不流入市场。事后控制的任务是对质量活动结果进行评价、认定，对工序质量偏差进行纠偏，对不合格产品进行整改和处理。

以上质量控制的三个阶段构成了有机的系统过程，其实质就是PDCA循环原理的具体运用。

3.工程项目质量的影响因素

影响工程项目质量的因素很多，通常可以归纳为五方面，具体是指人、材料、机械、方法和环境。事前对这五方面的因素严加控制，是保证施工项目质量的关键。

①人。人是生产经营活动的主体，也是直接参与施工的组织者、指挥者及直接参与施工作业活动的具体操作者。人员素质，即人的文化、技术、决策、组织、管理等能力的高低直接或间接影响工程质量。

②材料。材料包括原材料、成品、半成品、构配件等，它是工程建设的物质基础，也是工程质量的基础。要通过严格检查验收，正确合理地使用，建立管理台账，进行收、发、储、运等各环节的技术管理，避免混料和将不合格的原材料使用到工程上。

③机械。机械包括施工机械设备、工具等，是施工生产的手段。要根据不同工艺特点和技术要求，选用合适的机械设备；正确使用、管理和保养机械设备。工程机械的质量与性能直接影响到工程项目的质量。

④方法。方法包括施工方案、施工工艺、施工组织设计、施工技术措施等。在工程中，方法是否合理，工艺是否先进，操作是否得当，都会对施工质量产生重大影响。应通过分析、研究、对比，在确认可行的基础上，切合工程实际，选择能解决施工难题，技术可行，经济合理，有利于保证质量、加快进度、降低成本的方法。

⑤环境。影响工程质量的环境因素较多，有工程技术环境、工程管理环境、劳动环境、法律环境、社会环境等。环境因素对工程质量的影响，具有复杂而多变的特点。因此，加强环境管理，改进作业条件，把握好环境，是控制环境对质量影响的重要保证。

（二）水利水电工程项目施工质量控制

建设工程施工是使工程设计意图最终实现并形成工程实体的阶段，是工程质量控制的重要阶段。通常情况下，建设工程的施工质量控制包括两方面的含义：①工程项目施工承包企业的施工质量控制；②广义的施工阶段工程项目质量控制，即除承包方的施工质量控制外，还包括业主、设计单位、监理单位及政府质量监督机构在施工阶段对建设项目施工质量所实施的监督管理和控制。

1.施工阶段质量控制的目标

施工质量控制的总体目标是贯彻执行中国现行建设工程质量法规和标准，正确配置生产要素和采用科学管理的方法，实现由工程项目决策、设计文件和施工合同所决定的工程项目预期的使用功能和质量标准。不同管理主体的施工质量控制目标不同，但都是致力于实现项目质量总目标的。

①建设单位的质量控制目标，是通过施工过程的全面质量监督管理、协调和决策，保证竣工项目达到投资决策所确定的质量标准。

②设计单位在施工阶段的质量控制目标，是通过设计变更控制及纠正施工中所发现的设计问题等，保证竣工项目的各项施工结果与设计文件所规定的标准相互一致。

③施工单位的质量控制目标，是通过施工过程的全面质量自控，保证交付满足施工合同及设计文件所规定的质量标准（含建设工程质量创优要求）的建设工程产品。

④监理单位在施工阶段的质量控制目标，是通过审核施工质量文件，采取现场旁站、巡视等形式，应用施工指令和结算支付控制等手段，履行监理职能，监控施工承包单位的质量活动行为，以保证工程质量达到施工合同和设计文件所规定的质量标准。

⑤供货单位的质量控制目标，是严格按照合同约定的质量标准提供货物及相关单据，对产品质量负责。

施工阶段的质量控制通常采用自主控制与监督控制相结合、事前预控与事中控制相结合、动态跟踪与纠偏控制相结合及这些方式综合应用等方式。

2.施工生产要素的质量控制

（1）劳动主体的控制

要做到全面控制，必须以人为核心，加强质量意识是质量控制的首要工作。施工企业，首先应当成立以项目经理的管理目标和管理职责为中心的管理架构，配备称职管理人员，各司其职；其次提高施工人员的素质，加强专业技术和操作技能培训。

（2）劳动对象的控制

材料（包括原材料、成品、半成品、构件）是工程施工的物质条件，是建筑产品的构成因素，它们的质量好坏会直接影响到工程产品的质量。加强材料的质量控制是提高施工项目质量的重要保证。

对原材料、半成品及构件进行质量控制应做好以下工作：所有的材料都要满足设计和规范的要求，并提供产品合格证明；要建立完善的验收及送检制度，杜绝不合格材料进入现场，更不允许不合格材料用于施工中；实行材料供应"四验"（验规格、验品种、验质量、验数量）、"三把关"（材料人员把关、技术人员把关、施工操作者把关）制度；确保只有检验合格的原材料才能进入下一道工序，为提高工程质量打下一个良好的基础；建立现场监督抽检制度，按有关规定比例进行监督抽检；建立物资验证台账制度；等等。

（3）施工工艺的控制

施工工艺的先进合理是直接影响工程质量、进度、造价及安全的关键因素。施工工艺的控制主要包括施工技术方案、施工工艺、施工组织设计、施工技术措施等方面的控制，主要应注意以下几点：编制详细的施工组织设计与分项施工方案，对工程施工中容易发生质量事故的原因、预防、控制措施等做出详细的说明，选定的施工工艺和施工顺序应能确保工序质量；设立质量控制点，针对隐蔽工程、重要部位、关键工序和难度较大的项目等设置；建立"三检"制度，通过自检、互检、交接检，尽量减少质量失误；工程开工前编制详细的项目质量计划，明确本标段工程的质量目标，制定创优工程的各项保证措施；等等。

（4）施工设备的控制

施工设备的控制主要做好两方面的工作。一是机械选择与储备。在选择机械设备时，应该根据工程项目特点、工程量、施工技术要求等，合理配置技术性能与工作质量良好、工作效率高、适合工程特点和要求的机械设备，并考虑机械的可靠性、维修难易程度、能源消耗及安全、灵活等方面对施工质量的影响与保证条件，同时做好足够的机械储备，以防机械发生故障影响工程进度。二是有计划地保养与维护。对进入施工现场的施工机械设备进行定期维修；应在遵守规章制度的前提下，加强机械设备管理，做到人机固定，定期保养和及时修理；建立强制性技术保养和检查制度，没达到完好度的设备严禁使用。

（5）施工环境的控制

施工环境主要包括工程技术环境、工程管理环境和工程劳动环境等。

3.施工过程的作业质量控制

工程项目施工阶段是工程实体形成的阶段，建筑施工承包企业的所有质量工作也要在项目施工过程中形成。工程项目施工是由一系列相互关联、相互制约的作业过程（工序）构成的，因此施工作业质量直接影响工程建设项目的整体质量。从项目管理的角度讲，施工过程的作业质量控制分为施工作业质量自控和施工作业质量监控两方面。

（1）施工作业质量自控

施工作业质量的自控过程是由施工作业组织的成员进行的，一般按"施工作业技术的交底→施工作业活动的实施→作业质量的自检自查、互检互查、专职检查"的基本程序进行。

工序作业质量是直接形成工程质量的基础，为了有效控制工序质量，工序控制应该坚持以下要求。

①持证上岗。

②预防为主。

③重点控制。

④坚持标准。

⑤制度创新，形成质量自控的有效方法。

⑥记录完整，做好有效施工质量管理资料。

（2）施工作业质量监控

建设单位、监理单位、设计单位及政府的工程质量监督部门，在施工阶段依照法律法规和工程施工合同，对施工单位的质量行为和质量状况实施监督控制。

建设单位和质量监督部门要在工程项目施工全过程中对每个分项工程和每道工序进行质量检查监督，尤其要加强对重点部位的质量监督评定，负责对质量控制点的监督把关，同时检查督促单位工程质量控制的实施情况，检查质量保证资料和有关施工记录、试验记录，建设单位负责组织主体工程验收和单位工程完工验收，指导验收技术资料的整理归档。

在开工前建设单位要主动向质量监督机构办理质量监督手续，在工程建设过程中，质量监督机构按照质量监督方案对项目施工情况进行不定期的检查，主要检查工程各个参建单位的质量行为、质量责任制的履行情况、工程实体质量和质量保证资料。

设计单位应当就审查合格的施工图纸设计文件向施工单位做出详细说明，参与质量事故分析并提出相应的技术处理方案。

作为监控主体之一的项目监理机构，在施工作业过程中，通过旁站监理、测量、试验、指令文件等一系列控制手段，对施工作业进行监督检查，实现其项目监理规划。

4.施工阶段的质量控制方法

为了加强对施工过程的作业质量控制，明确各施工阶段质量控制的重点，可将施工过程按照事前质量预控、事中质量监控和事后质量控制三个阶段进行质量控制。

（1）事前质量预控

事前质量预控是指在正式施工前进行的质量控制，其控制重点是做好施工准备工作，并且施工准备工作要贯穿施工全过程中。

①技术准备。包括熟悉和审查项目的施工图纸，施工条件的调查分析，工程项目设计交底，工程项目质量监督交底，重点、难点部位施工技术交底，编制项目施工组织设计，等等。

②物质准备。包括建筑材料准备，构配件、施工机具准备，等等。

③组织准备。包括建立项目管理组织机构，建立由项目经理、技术负责人、专职质量检查员、工长、施工队班组长组成的质量管理网络，对施工、现场的质量管理职能进行合理分配，健全和落实各项管理制度，形成分工明确、责任清楚的执行机制，对施工队伍进行入场教育，等等。

④施工现场准备。包括工程测量定位和标高基准点的控制，"四通一平"，生产、生活临时设施等的准备，组织机具、材料进场，制定施工现场各项管理制度，等等。

（2）事中质量监控

事中质量监控是指在施工过程中进行的质量控制。事中质量监控的策略是全面控制施工过程，重点控制工序质量。

①施工作业技术复核与计量管理。只要涉及施工作业技术活动基准和依据的技术工作，都应由专人负责复核性检查，复核结果应报送监理工程师复验确认后，才能进行后续相关的施工，以避免基准失误给整个工程质量带来难以补救的或全局性的影响。

②见证取样、送检工作的监控。见证取样是指对工程项目使用的材料、构配件的现场取样、工序活动效果的检查实施见证。

③工程变更的监控。在施工过程中，由于种种原因会涉及工程变更，工程变更的要求可能来自建设单位、设计单位或施工承包单位。无论是哪一方提出工程变更或图纸修改，都应通过监理工程师审查并经有关方面研究，确认其必要性

后，由监理工程师发布变更指令方能生效予以实施。

④隐蔽工程验收的监控。隐蔽工程是指将被其后续工程施工所隐蔽的分部分项工程。在隐蔽前所进行的检查验收，是对一些已完分部分项工程质量的最后一道检查。由于检查对象就要被其他工程覆盖，会给以后的检查整改造成障碍，故该项检查是施工质量控制的重要环节。

⑤其他措施。批量施工先行样板示范、现场施工技术质量例会等，也是长期施工管理实践过程中形成的质量控制途径。

（3）事后质量控制

事后质量控制是指在完成施工过程形成产品后的质量控制，其具体工作内容是进行已完成施工的成品保护、不合格品的处理和质量检查验收等。

①成品保护。在施工过程中，有些分项、分部工程已经完成，而其他部位尚在施工，如果不对成品进行保护就会造成其损伤、污染而影响质量，因此承包单位必须负责对成品采取妥善措施予以保护。对成品进行保护的最有效手段是合理安排施工顺序，通过合理安排不同工作间的施工顺序以防止后道工序损坏或污染已完成施工的成品。此外，也可以采取一般措施来进行成品保护。

防护是对成品提前保护，以防止成品可能发生的污染和损伤。例如对于进出口台阶可采用垫砖或方木、搭脚手板供人通过的方法来保护。

包裹是将被保护物包裹起来，以防损伤或污染。例如大理石或高级柱子贴面完工后可用立板包裹捆扎保护，管道、电器开关可用塑料布、纸等包扎保护。

覆盖是对成品进行表面覆盖，以防堵塞或损伤。例如散水完工后可覆盖一层砂子或土以利于散水养护并防止磕碰。

封闭是对成品进行局部封闭，以防破坏。例如屋面防水层做好后，应封闭上屋顶的楼梯门或出入口等。

②不合格品的处理。上道工序不合格，不准进入下道工序施工；不合格的材料、构配件、半成品不准进入施工现场且不允许使用，已经进场的不合格品应及时做出标志、记录，指定专人看管，避免用错，并限期清除出现场；不合格的工序或工程产品，不予计价。

③质量检查验收。按照施工质量验收统一标准规定的质量验收划分，从施工作业工序开始，通过多层次的设防把关，依次做好检验批、分项工程、分部工程及单位工程的施工质量验收。

（4）现场质量检查

对于现场所用原材料、半成品、工序过程或工程产品质量进行检验的方法，一般可分为三类，即目测法、量测法及试验法。

目测法是凭借感官进行检查的，也可称为观感检验。这类方法主要根据质量要求，采用看、摸、敲、照等手法对检查对象进行检查。

量测法是指利用量测工具或计量仪表，通过实际量测结果与规定的质量标准或规范的要求相对照，从而判断质量是否符合要求。

试验法是指利用理化试验或借助专门仪器判断检验对象质量是否符合要求。

二、水利水电工程施工安全控制

（一）水利水电工程施工安全管理的概念与内容

1.安全管理的概念

安全管理是企业全体职工参加的、以人的因素为主的、为达到安全生产目的而采取各种措施的管理。它是根据系统的观点提出来的一种组织管理方法，是施工企业全体职工及各部门同心协力，把专业技术、生产管理、数理统计和安全教育结合起来，建立起从签订施工合同，进行施工组织设计、现场平面设置等施工准备工作开始，到施工的各个阶段，直至工程竣工验收活动全过程的安全保证体系，采用行政、经济、法律、技术和教育等手段，有效地控制设备事故、人身伤亡事故和职业危害的发生，实现安全生产、文明施工。

根据施工企业的实践，推行安全管理就是要通过三方面达到统一目的。

①认真贯彻"安全第一，预防为主"的方针。

②充分调动企业各部门和全体职工搞好安全管理的积极性。

③切实有效地运用现代科学技术和安全管理技术，做好设计、施工生产、竣工验收等方面的工作，以预防为主，消除各种危险因素。

目的是通过安全管理，创造良好的施工环境和作业条件，使生产活动安全化、最优化，减少或避免事故发生，保证职工的健康和安全。因此，推行安全管理时，应该注意做到"三全、一多样"，即全员、全过程、全企业的安全管理，所运用的方法必须是多种多样的。

2.安全管理的内容

建立安全生产制度。安全生产制度必须符合国家和地区的有关政策、法规、条例和规程，并结合施工项目的特点，明确各级各类人员安全生产责任制，要求全体人员必须认真贯彻执行。

贯彻安全技术管理。编制施工组织设计时，必须结合工程实际，编制切实可行的安全技术措施，要求全体人员必须认真贯彻执行。

坚持安全教育和安全技术培训。

组织安全检查。为了确保安全生产，必须有监督监察。安全检查员要经常查看现场，要及时排除施工中的不安全因素，纠正违章作业，监督安全技术措施的执行，不断改善劳动条件，防止工伤事故的发生。

进行事故处理。人身伤亡和各种安全事故发生后，应立即进行检查，了解事故产生的原因、过程和后果，提出鉴定意见。在总结经验教训的基础上，有针对性地制定防止事故再次发生的可靠措施。

⑥将安全生产指标作为签订承包合同时的一项重要考核指标。

（二）水利水电工程施工安全技术措施

1.施工安全技术措施的内容

工程施工安全技术措施计划的主要内容包括工程概况、控制目标、控制程序、组织机构、职责权限、规章制度、资源配置、安全措施、检查评价、奖惩制度等。编制施工安全技术措施计划时，应制定和完善施工安全操作规程，编制各施工工种，特别是危险性较大工种的安全施工操作要求，作为规范和检查考核员工安全生产行为的依据。

施工安全技术措施包括安全防护设施的设置和安全预防措施，主要包括17方面的内容，即防火、防毒、防爆、防洪、防尘、防雷击、防触电、防坍塌、防物体打击、防机械伤害、防起重设备滑落、防高空坠落、防交通事故、防寒、防暑、防疫、防环境污染方面的措施。

2.施工安全技术措施的实施

①安全生产责任制。建立安全生产责任制，是施工安全技术措施计划实施的重要保证。安全生产责任制是指企业对项目经理部各级领导、各个部门、各类人员所规定的在他们各自职责范围内对安全生产应负责任的制度。

②安全教育。

③安全技术交底。

安全技术交底的基本要求：项目经理部必须实行逐级安全技术交底制度，纵向延伸到班组全体作业人员。第一，技术交底必须具体、明确，针对性强；第二，技术交底的内容应针对分部分项工程施工中给作业人员带来的潜在危害和存在的问题；第三，应优先采用新的安全技术措施；第四，应将工程概况、施工方法、施工程序、安全技术措施等向工长、班组长进行详细交底；第五，定期向由两个以上作业队和多工种进行交叉施工的作业队伍进行书面交底；第六，保持书面安全技术交底签字记录。

安全技术交底的主要内容：第一，本工程项目的施工作业特点和危险点；第二，针对危险点的具体预防措施；第三，应注意的安全事项；第四，相应的安全操作规程和标准；第五，发生事故后应及时采取的避难和急救措施。

（三）水利水电工程施工安全检查的分类与内容

安全检查是安全管理的重要内容，是识别和发现不安全因素，揭示和消除事故隐患，加强防护措施，预防工伤事故和职业危害的重要手段。安全检查工作具有经常性、专业性和群众性特点。通过检查增强广大职工的安全意识，促进企业对劳动保护和安全生产方针、政策、规章、制度的贯彻落实，解决安全生产上存在的问题，有利于改善企业的劳动条件和安全生产状况，预防工伤事故发生；通过互相检查、相互督促、交流经验、取长补短，进一步推动企业搞好安全生产。

1.安全检查的分类

根据安全检查的对象、要求、时间的差异，一般可分为以下两种类型。

（1）定期安全检查

各级定期检查具体实施规定：①工程局每半年进行一次，或在重大节假日前组织检查；②工程处每季度组织一次检查；③工程段每月组织一次检查；④施工队每旬进行一次检查。

（2）非定期安全检查

鉴于施工作业的安全状态受地质条件、作业环境、气候变化、施工对象、施工人员素质等复杂情况的影响，工伤事故时有发生，除定期安全检查外，还要根据客观因素的变化，开展经常性安全检查，具体内容有如下五点。

施工准备工作安全检查。

季节性安全检查。

节假日前后安全检查。

专业性安全检查。

专职安全人员日常检查。

2.安全检查的内容

安全检查的内容主要是查思想、查管理、查制度、查隐患、查事故处理。

（1）查思想

检查企业各级领导和广大职工安全意识强不强。

（2）查管理、查制度

检查企业在生产管理中，对安全工作是否做到了"五同时"（计划、布置、检查、总结、评比生产工作的同时）。在新建、扩建、改建工程中，是否做到了"三同时"（在新建、扩建、改建工程中，安全设施要同时设计、同时施工、同时投产）。是否结合本单位的实际情况，建立和健全了如下安全管理制度：①安全管理机构；②安全生产责任制；③安全奖惩制度；④定期研究安全工作的制度；⑤安全教育制度；⑥安全技术措施管理制度；⑦安全检查制度；⑧事故调查处理制度；⑨特种作业管理制度；⑩保健、防护用品的发放管理制度。同时，要检查上述制度执行情况，发现各级管理人员和岗位作业职工违反规章制度的，要给予批评、教育。

（3）查隐患

检查施工现场，检查企业的劳动条件、劳动环境有哪些不安全因素。

（4）查事故处理

检查企业对发生的工伤事故是否按照"找不出原因不放过，本人和群众受不到教育不放过，没有制定出防范措施不放过"的原则，进行严肃认真的处理，即是否及时、准确地向上级报告和进行统计。

参考文献

[1]姜靖，于峰，吴振海.现代水利水电工程建设与管理[M].北京：现代出版社，2023.

[2]佟欣，李东艳，佟颖.水利水电工程基础[M].北京：北京理工大学出版社，2023.

[3]魏树生.水利水电工程建设管理创新研究[M].北京：原子能出版社，2023.

[4]程令章，唐成方，杨林.水利水电工程规划及质量控制研究[M].北京：文化发展出版社，2022.

[5]沈英朋，杨喜顺，孙燕飞.水文与水利水电工程的规划研究[M].长春：吉林科学技术出版社，2022.

[6]罗晓锐，李时鸿，李友明.水利水电工程施工新技术应用研究[M].长春：吉林科学技术出版社，2022.

[7]宋宏鹏，陈庆峰，崔新栋.水利工程项目施工技术[M].长春：吉林科学技术出版社，2022.

[8]陈忠，董国明，朱晓啸.水利水电施工建设与项目管理[M].长春：吉林科学技术出版社，2022.

[9]张晓涛，高国芳，陈道宇.水利工程与施工管理应用实践[M].长春：吉林科学技术出版社，2022.

[10]邓艳华.水利水电工程建设与管理[M].沈阳：辽宁科学技术出版社，2022.

[11]李俊峰.水利水电工程设计与管理研究[M].北京：中国纺织出版社，2022.

[12]李登峰，李尚迪，张中印.水利水电施工与水资源利用[M].长春：吉林科学技术出版社，2021.

[13]刘永强，张汉云.水利水电工程施工组织设计[M].南京：河海大学出版社，2021.

[14]从容，隋军，赵丙伟.水利水电工程施工建设与项目管理[M].长春：吉林科学技术出版社，2021.

[15]闫文涛，张海东.水利水电工程施工与项目管理[M].长春：吉林科学技术出版社，2020.

[16]史洪飞，吴祥朗.水利水电工程勘测设计施工管理与水文环境[M].北京：北京工业大学出版社，2020.

[17]赵显忠，常金志，刘和林.水利水电工程施工技术全书[M].北京：中国水利水电出版社，2020.

[18]朱显鸽.水利水电工程施工技术[M].郑州：黄河水利出版社，2020.

[19]代培，任毅，肖晶.水利水电工程施工与管理技术[M].长春：吉林科学技术出版社，2020.

[20]宋美芝，冯涛，杨见春.水利水电工程施工技术与管理[M].长春：吉林科学技术出版社，2020.

[21]崔洲忠.水利水电工程管理与实务[M].长春：吉林科学技术出版社，2020.

[22]谢文鹏，苗兴皓，姜旭民.水利工程施工新技术[M].北京：中国建材工业出版社，2020.

[23]闫国新.水利工程施工技术[M].北京：中国水利水电出版社，2020.

[24]张义.水利工程建设与施工管理[M].长春：吉林科学技术出版社，2020.

[25]牛广伟.水利工程施工技术与管理实践[M].北京：现代出版社，2020.

[26]初建.水利工程建设施工与管理技术研究[M].北京：现代出版社，2020.

[27]高明强，曾政，王波.水利水电工程施工技术研究[M].延吉：延边大学出版社，2019.

[28]徐培蓁.水利水电工程施工安全生产技术[M].北京：中国建筑工业出版社，2019.

[29]袁俊周，郭磊，王春艳.水利水电工程与管理研究[M].郑州：黄河水利出版社，2019.

[30]史庆军，唐强，冯思远.水利工程施工技术与管理[M].北京：现代出版社，2019.